コミュ力なんていらない　人間関係がラクになる空気を読まない仕事術

邊緣人CEO的零社交成功技巧

不用口才、也不用讀空氣的溝通法，

無須討好任何人也能勝人十倍。

日本最大新創遠距公司 Caster 營運長兼董事、管理 700 名員工

石倉秀明 著

劉淳 譯

CONTENTS

PART 2

PART 3

把失言變加分的回話技巧

PART 4

只做擅長的事，只說該說的話 141

PART 5

閒聊是領導者的最強軟實力 167

PART 6

職場邊緣系也能辦到的溝通技巧 187

推薦序一

邊緣系成功人士的職場溝通

美國 Give2Asia 家族慈善經理／張瀞仁

人家常說：「偶像可以反映出一個人內心深處的理想類型。」你崇拜什麼樣的人呢？在打開《邊緣人CEO的零社交成功技巧》之前，我沒想過有任何職場書會用兩位棒球選手來開場（見第三十四頁），而且還不是鈴木一朗、松井秀喜（按：日本知名旅美棒球選手）這種家喻戶曉的球星。元木大介是不喜歡練習的天才選手，成名早、頭腦好、長得又帥，但後來只繳出一般般的成績，並未成為大家期望的救世主。川相昌弘就更不起眼了，長期擔任第二棒的他，專長是犧牲觸擊，也就是說，在他最擅長的戰術中，最好的結果就是讓自己出局。

「喜歡這種球員的，到底是什麼樣的人？應該也是很非主流吧！」我在心中猜想，後來證明我是對的，本書作者石倉秀明不只非主流，甚至還有點怪咖。但他分享的經驗與策略，卻屢屢讓我無法自拔——「對，我也討厭處理公司中的人際關係！」、「沒錯、沒錯，帶人累死了，而且我根本不知道要怎麼激勵團隊成員。」在閱讀這本書的過程中，我幾度對著眼前的文字狂點頭，還不自覺的大聲說出：「是不是！」活像看鄉土劇對著螢幕大哭大罵的婆婆媽媽。

我特別認同書中的「**定位**」（positioning）和**專準**（simplifying，集中精力在最少但最重要的事情上）策略，簡單來講就是：**不會做的事**

就不要做、會做的事就做到最好、不確定就直接問；以前的方法如果不管用了，就換個沒做過的方法試試看。

一般人或許覺得這是自我放棄或不夠圓滑，但深深體會「有些事情學不來就是學不來」的內向者如我，反而覺得這是極度聰明且有效率的方法。

溝通能力不好怎麼辦？作者說全方位溝通能力強的人，根本少之又少，與其試著在各種場合侃侃而談，不如分析哪種溝通是你最需要的；如果真的不擅長面對面溝通，就試著用遠距或文字的方式把事情做到好。同樣的，聚餐時沒辦法炒熱氣氛、團體中不會察言觀色、不討人喜歡……這些一般被認為是職場地雷的特質，作者都有、到現在也都還是，但他想辦法避開缺點、用盡量簡化的策略解決，我覺得不僅勵志到不行，而且非常實際。

回到棒球場上那兩位選手的例子，頭腦極好的元木大介後來轉任教練，也擔任球評、甚至在綜藝節目上相當活躍。他自己年輕時不喜歡練球，擔任教練後注重溝通、給予選手許多自主性的執教風格，反而讓他受到歡迎。而專長是犧牲自己的川相昌弘，以生涯五百三十三次、成功率超過九成的犧牲觸擊，寫下世界紀錄，目前在日本、臺灣都有很高的人氣。

這些聰明打造自身專長和特色、在競爭激烈的職棒場上成功建立自我品牌的選手們，就是作者石倉秀明制定策略時參考的樣子。

你喜歡的偶像是誰呢？分析他們的成功故事、看看他們的方法，或許也可以帶來一些不同的啟發。

推薦序二

不擅言辭也很好，只須活出你的原廠設定

諮商心理師、作家／蘇予昕

因為工作的關係，我經常到處演講，而之中最常獲邀的主題，就是「溝通」。可想而知，我們對溝通能力的重視程度。

然而，很多觀眾都有個先入為主的觀念，以為我是要來教「說話」的，他們會告訴我：「心理師，我很憨慢講話，請教我如何表

達？」、「我很內向，不太會說話，所以工作／感情／人際失敗。」大家期待我提供各種神奇的話術，讓每個人走出演講廳後都能舌粲蓮花，好似這樣就能順利開展人脈關係，愛情事業兩得意……（美好幻想無限開展）。

在溝通講座的一開始，我開宗明義的告訴大家：「**說話，只是溝通的其中一個要素，而且我認為是最不重要的要素。**」此時，通常會看見觀眾驚愕的神情；接著，我會和大家重新定義溝通，它不只是說話，更包含了傾聽、觀察力、同理心、對情緒的覺察、親和力、理解力、邏輯思考、共感、提問能力、表情肢體的回應等幾十個要素。

所以，不會說話沒關係，有社交障礙也很好，這世界不需要那麼多談話高手，反倒需要更多懂得「傾聽」的人，真正聽懂別人的需求，或勇敢的將模糊不清的語意問個明白。

本書作者石倉秀明認為，我們都無須完美、不必樣樣精通，讀不了空氣就不要讀，天生沒有同理心就做好事前準備；只要找出你所擅長的溝通方式，即便只有一、兩個也行，加以強化形成個人特色，這才是讓我們既獲得成功，又能輕鬆做自己的關鍵。

另一個我喜歡這本書的原因，就是作者相當接納自己的「邊緣人」特質，打破眾人以為「有人脈，才有錢脈」或「討人喜歡，才有機會」的迷思，這同時也讓我如釋重負。因為，雖然我天生有著外向的性格，但我也非常不擅長帶有目的性的社交，光是建立人脈這個概念就困擾我多年，逼著自己去了幾次，卻感受到前所未有的扭捏，而這份扭捏讓身邊人更難懂我，明明很開朗，為何那麼邊緣？

看完這本書，我猜你能更接納自己的不一樣，**無論內向或外向，我們都尊重自己的原廠設定，並且活出這個設定的長處**；我相信，最重要的人脈是自己，當我們以最舒服的樣貌呈現在職場及生活中，自然能發揮強大的潛力，並自動吸引貴人來到生命裡！

讀者推薦

「最近看到會主動跟人搭話的同事，在公司很受歡迎，常常讓我覺得苦惱：『為什麼我就是沒辦法這樣？』但讀了這本書，我發現自己應該從這種框架思考中跳脫出來，好好磨練自己的長處，找到自己的市場價值。」

——水吉

「推薦給經常為『一定要做到這件事』而痛苦不已的人。現代網路社群與溝通、人際關係息息相關，或許這本書也能解決社群網站帶來的疲乏。」

——Corocn

「這本書不是用很抽象的概念在講溝通，而是從許多小細節教你如何一一應對。」

——染井洋介

「本書給了不擅長溝通的我許多勇氣。讀完這本書後，我對不參加金字塔競賽和拆解自己的溝通類型，印象特別深刻。」

——堀相

「這本書提醒我，做任何事情都應該重視自己的個性與能力，而這個原則不只適用於溝通。」

——園田映美音

「每個人都想提升自己的溝通能力，卻很難用語言來解釋溝通能力究竟是什麼，但本書完全突破盲點。」

——松榮友希

「阿德勒說：『人類的煩惱，全都是人際關係的煩惱。』我也深有同感。現代因為資訊爆炸，人際關係也變得越加複雜。這本書為疲於溝通與人際關係的現代人，提供了一個解決之道。」

——加賀谷優希（ＩＴ企業徵才負責人）

「作者雖不善於溝通，但依然能做出一番成果，和社會上的常識完全相反，令人刮目相看。其中，作者在做電話行銷時，只用一個故事說服人，最讓我印象深刻。」

——Readmaster

「那些溝通能力很強的人，也只是做到這本書所說的？這麼一想，溝通能力或許本來就沒有高低之分。」

——椿原巴奇

「終於有人跟我說，逃避不可恥，而我也才發現，原來自己一直以來只是想要獲得別人的肯定。」

——畝畝

「我也是做人資的，對於溝通這個詞，有時會感到奇怪。讀了這本書才終於恍然大悟，書中提到的原則不只適用於溝通能力，也能運用在所有的事物上。」

——中原典子

「我知道自己是個溝通障礙者，但還是做了需要常常說話的工作，本書簡直是我的聖經。」

——無奶蛋點心講師 Pon

「我發現『迴避自己不擅長的事，活用自己的優點』，是不論什麼特徵的人都能使用的方法。」

——Ako

讀者推薦

「不用把重點放在溝通能力，一樣也能做好工作！」——山崎明子

「我以前也不擅長溝通，直到運用作者提到的因數分解表達法，才發現溝通也有許多種類；不要把溝通當成弱點，才能找到自己擅長的方法。」

——渡邊悠樹

「本書滿是針對溝通的巧妙思考與訣竅，對擅長溝通的人也有參考價值，非常實用。」

——AunCommunication 八木徹

「每個人都有自己的個性，一定有能認可你的特質，且同時讓你有所成長的方法。」

——內勤羽屋

「不管是找工作、擔任業務或經理，我都被告誡過要多加鍛鍊溝通能力。這句話真的是別人給的框架。所以，當我看到作者直白的說自己不會察言觀色，真的給了我很大的勇氣。」

——依芙爸爸 from 章魚燒國

「對受困於溝通能力、認為自己不擅長溝通的人來說，這本書是讓他們生存下去的聖經。」

——KANE

「我的工作就是溝通協調，但我真的很不擅長跟人閒聊，屬於書中所提到「達成目的型」。在一千人面前也能侃侃而談，聚餐時卻沉默寡言，本書完全寫出了我的心聲。」

——片平圭貴

前言
有很多工作，根本不需要溝通能力

「你有什麼樣的溝通困擾嗎？」

在我動筆寫這本書之前，我詢問了一些人，得到了以下各式各樣的答案，例如：

「不擅長跟初次見面的人對話。」

「在人多的場合會怕生，無法大方開口說話。」

「一看到上司，腦袋就一片空白。」

我很了解上述這些感受，因為我也不是天生就擅長溝通的人。

相反的，我是個很不會說話的人，溝通能力之低，甚至可以說是有溝通障礙的程度。

每次聽到我這麼說，許多人都會倍感驚訝。我想，這應該是因為我是新創公司的營運長兼董事，又經常上臺演講或是擔任電視節目講評等公開露面的工作吧。但其實，我真的超級不會講話。

不僅無法看著對方的眼睛說話，就連臨機應變、發表意見、很快就得人緣，當然也是做不到。

即使是和員工一起聚餐，我也總是在不知不覺間就落單；每次參加人多的派對，有時也會因為怕生，甚至連一張名片都換不到。除此之外，我還曾在自己主講的活動交流會上，一個人呆呆的站在原地……。

不過，也正因為我有相同的經驗，所以非常了解各位讀者所遇到的溝通難題。

其實，許多人都誤會了一件事。

那就是：「**沒有溝通能力，就無法工作**」。

不會溝通，等於不會工作？

「溝通能力不強，就無法工作。」

「不會說話，就不能當業務。」

「不能了解對方的心情，就無法經營良好的人際關係。」

之所以會有這樣的既定思考，或許是因為市面上到處充斥著與溝通說話相關的書籍。

其中，又以如何建立人際關係這類主題居多。

於是，才會讓越來越多人把溝通能力低，和「無法建立人脈」、「不會工作」劃上等號。

然而，依我來看，即使溝通能力低、沒有人脈，仍然可以在工作上有所成就。為了向大家傳達此理念，也才有了這本書。

超邊緣人的助理小弟，為何能連續跳槽再當老闆？

首先，讓我稍微介紹一下自己的經歷。

我的第一份工作是兼職電話行銷（以下簡稱電銷）。

我的家庭並不富裕，所以我從大學時期就開始半工半讀、靠自己賺取學費。但由於過度勞累，大三時身體一度撐不住，因此後來決定退學。之後，我成為飛特族（freeters，非典型的正職工作，例如派遣、定期契約等），開始在電銷公司工作。

電銷工作的時薪很高，而且還有業績獎金，單月平均收入約有六十萬到七十萬日圓（按：約新臺幣十五萬元至十八萬元；全書日圓依臺灣銀行二〇二一年三月公告之均價〇．二六元計算）。事實上，當時就有不少資深同事單純是因為時薪很高，一待就超過十年。

的確，在一般公司當正式員工，除了年薪較低以外，生活品質多半也無法提升，因此我能充分理解為什麼有人寧可兼職做電銷。

而我的職涯轉捩點是在工作一年後的某天。

那天，我在兼職徵人雜誌，看到一篇「工作三年、獎金兩百萬日圓」的廣告，是瑞可利的ＣＶ職缺（career view，瑞可利為日本人力公司，ＣＶ為其獨創的約聘員工制度），約聘期固定為三年。

當下，我只覺得要是約聘期一到，能拿到兩百萬日圓就太棒了，因此連具體的工作內容都不清楚就去面試了。慶幸的是，我的運氣不錯，面試非常順利，被錄取的隔月就開始上班。

只不過，我在瑞可利工作僅一年就被升為正式員工，所以最後並沒有拿到那兩百萬（按：因約聘期未滿）。

後來，我在瑞可利工作了四年，又跳槽到尚處草創期的求職網路公司 Livesense。這次會想再跳槽，是因為我看了日本知名遊戲社群公司 CyberAgent（按：日本網路廣告代理商，旗下有網誌「Ameba」等相關事業）社長藤田晉所寫的《在澀谷上班的董事長告白》（幻冬舍）。在讀完那本書之後，我對新創公司感到躍躍欲試，不過當時正值雷曼兄弟金融風暴時期，幾乎沒有公司在徵人。整體的職缺甚至比前一年少了約七〇%。

在如此嚴苛的環境下，依然有開職缺的就是 Livesense。當時，我還想這間公司要不是超級棒，要不就是腦袋有點奇怪吧。

儘管前途茫茫，但我認為這時候打算跳槽的人一定不多。也就是說，競爭者少，成功跳槽的機會相對也高，而想跳槽就得趁現在。果不其然，我順利進入 Livesense 工作，在那邊待了兩年半，而後擔任「JobSense」的負責人（現已改名 Machbaito，為 Livesense 旗下的打工求職網）。

接著，我又跳槽到 DeNA（按：日本網路公司，創立之初以電子商務起家，現在營運範圍涵蓋社交媒體、電子商務、娛樂）。

坦白說，在 Livesense 工作很自在，但同時也讓我開始掙扎：這樣待在舒適圈真的好嗎？我還是想試試看自己究竟有多少能耐。

當時，正值社群遊戲退燒期，許多在各產業有亮眼成績的人紛紛跳槽。而我也想證明，在這些經歷顯赫的優秀人才之中，自己依舊能脫穎而出。因此，我才決定跳槽到 DeNA，並從業務做起，之後又擔任業務負責人、新事業負責人與人力資源工作。

最後，我離開公司並獨立創業，擔任 Caster 股份有限公司營運長兼董事。

Caster 包括「CASTER BIZ」與「bosyu」（按：bosyu 將於二〇二一年六月底停止服務，並改名為「bosyu Jobs」）兩大線上服務，前者主要提供線上承包祕書、人事、會計等後勤業務的外包服務（outsourcing）；後者則是群眾外包（crowdsourcing，透過網路向大眾取得企業所需的解決方案），在個人之間承攬及發包工作。

此外，在二〇一四年創業之初，我的公司早已落實遠距工作，目前在日本全國四十五個都道府縣，以及十六個國家，共有七百名以上的員工，幾乎所有人都是遠距工作。

善用內向性格的力量

歷經瑞可利、Livesense、DeNA、Caster 等公司，我的業績一直都是數一數二。

之所以能有一番成績，是因為我經常提醒自己**避免用自己不擅長的方式和別人競爭**，才掌握了一套致勝方法。本書將一一介紹這些技巧與訣竅。不過，如同前文所述，本書一概沒有「教你克服怕生、害羞，變身溝通達人」的內容。

事實上，我反而想告訴大家，面對自己不擅長的事物，依然可以藉由改變思考方式，巧妙的補強自己的缺點。

希望本書能帶給跟我一樣，沒有溝通能力、在人際關係上受挫，工作也不順遂，因而徬徨迷惘的讀者一點啟發。

PART 1

我是邊緣人CEO，從不靠社交做生意

1 我會凸顯我的強項，迴避弱點

用自己擅長的方式一決勝負，是我在職場打滾多年以後才懂的事。其實，不只是溝通能力，這句話也是我在職場的最大原則。首先，我想先說一個小故事。

小學時，我加入了少棒隊。

當時，我非常崇拜讀賣巨人隊的川相昌弘和元木大介[1]。雖然松井秀喜或高橋由伸[2]比較受大眾歡迎，但我對他們一點興趣也沒有。

該怎麼說呢？我比較欣賞那些能夠活用自己的強項，並充分展現自我價值的選手。只要能排進打者名單，就算是第九棒（按：指非強棒）也無所謂。對我來說，有一個**確實的定位（角色），就是自信與安全感的來源**。

我之所以喜歡這些綠葉選手，是因為在所有人都以「第四棒（強棒）」、「王牌」為目標的時候，他們依然能發揮獨特的個人價值，並且扮演好自己的角色。現在回想起來，或許當時我已有此企圖心。

事實上，我在國小少棒隊擔任游擊手，就一直都是第一棒或第二棒，從來沒想過要當第四棒，或是成為王牌選手。

後來，國中加入田徑社，希望升上高中也能繼續練習，但另一方面，我也擔心課業成績下滑，因此我以練田徑為優先考量，選了一間不

1 川相昌弘以防守聞名，並創造多項犧牲打紀錄；元木大介曾任日本讀賣巨人隊的內野守備兼任打擊教練。

2 日本讀賣巨人隊總教練。

需要太努力也能維持好成績的學校。於是，為了有學校可念，我故意將自己的志願降低。

一般而言，這樣的做法會引來家長的擔憂，但由於當時家中經濟狀況不佳，因此父母對我要念哪所學校，並沒有太大的意見。

說個題外話，我爺爺也是一家公司的老闆。在泡沫經濟時期（按：一九八〇年後期到一九九〇年初期），因病過世，留下了一筆債務給我父親。

我父親因無力償還而聲請破產，之後便過著四處躲債的生活。而後，我跟父母分居長達六年，獨自在幾個親戚家四處借住，升學的事也就無法跟父母商量。但也因為這樣，我順利進入了自己想讀的高中。

讓我們回到田徑的話題。

當時，我是百米短跑選手。我的身高只有一百六十五公分，在選手之中算是比較矮小的。以國內活躍的田徑選手來說，就算是高中生，也都有超過一百八十公分。順帶一提，史上最快的牙買加前短跑運動員尤塞恩．博爾特（Usain Bolt）的身高足足有一百九十五公分。

換句話說，若沒有身高優勢，在比賽方面是很吃虧的。因此，我便反向思考：「如何讓對手無法完全發揮實力？」想到的答案是：「先全力跑五十公尺」。

為什麼呢？因為，當有人跑在我們前面時，我們都會想追過對方。這時，人的步伐會不自覺的變小，速度反而難以提升。而且跑得越快的人，因為很少被別人超前，就更容易因此而慌張失措。

拜這個策略所賜，完全沒有身高優勢的我，竟也跑進了好幾場比賽的前幾名。

退出田徑社後，我開始準備大學考試。當時，我因為對運動有興趣，所以想念早稻田大學人類科學學術院的運動科學系。

該科系測驗科目共三科，分別是數學、英文與小論文，英文的計分比重超過一半。而且，我還發現，歷年考題都很類似。換句話說，有一個可能是，越是知名的學校，越不會改變錄取方針，入學試驗的考題通常也不太會有變動。

掌握到這個訣竅之後，我試著把九五％的讀書時間都用來念英文，而且專攻考古題。萬一考題方向改變了，我就一定考不上，但好在我運氣不錯，一考就上了。我就讀的高中並不以升學見長，聽說我是創校以來第一位考上名校的學生。

少棒隊、田徑社、大學考試……透過上述經驗，我想表達的是，即使不以主流的方式和別人競爭，也依然能找到可以發揮自我價值的決勝方法。

該怎麼利用手上的牌瞞天過海、如何才能迴避自己的弱點，比苦學說話更重要。

做自己擅長的事並不特別，這是每個人都做得到的，然而，問題就在於：該如何運用自己的長處。

零社交成功技巧

- 工作環境能否讓你發揮強項？
- 不跟精英強碰，而是找到自己的強項，一決勝負。
- 該怎麼利用手上的牌瞞天過海，如何才能迴避自己的弱點，比苦學說話更重要。

2 過度善解人意，是溝通的大忌

每天瀏覽社群網站時，總會看到許多當紅電影、動畫或書籍等流行資訊，但我對這些東西幾乎完全沒有興趣。在我的 iPhone 裡，不僅連一首歌都沒有，也很少看電影。

我從小就是這樣。同學之間在流行什麼，我從來不會去跟風，就算想加入話題，不知為何也總是格格不入。簡單來說，我就是那種不會讀空氣（按：指不會察言觀色、看場合）的人。

說到這裡，各位讀者應該會覺得我就是個怪咖吧。其實，這是有原因的。

因為我很難和對方產生共鳴，即便我想了解對方的想法，但還是常常適得其反，搞得自己精疲力盡。就連看場電影，也總是耗費許多精力在理解劇情上，因此我通常無法看完整部片子。

寫作也是我不擅長的項目。

特別是閱讀測驗，只要被問到：「以下何者為是？」我答對的機率幾乎是零。所以，我也沒辦法看小說。儘管努力試過幾次，能看完的作品依然是寥寥無幾。

這或許是因為我缺乏同理心，所以無法配合周圍的人。

不過，依我過去的經驗來看，我發現，**工作時如果無法察言觀色，就不用勉強自己**。

舉例來說，我是 Caster 股份有限公司的營運長兼董事，因為公司有七百位以上的員工，平常都是以遠距方式工作（非實際見面），所以大家都是以網路通訊軟體來溝通。而這種**「不見面」的溝通**有幾個**禁忌**，其中之一就是「**過度善解人意**」。

比起面對面的溝通，由於我們在線上並無法得知對方的表情和聲調，所以遠距工作可以得到的資訊本來就不足。因此，在這種情況下，若持續以「看不懂別人臉色嗎？」、「沒說出來你也應該要懂」的態度來溝通，彼此在認知上就會產生差異，進而影響工作。

因此，在 Caster，我們一直鼓勵員工**有問題就當場問，也就是「不要讀空氣」**（見下頁圖表 1-1）。

對於我這種邊緣人來說，這樣的工作環境非常自在。因為無論溝通能力如何，每個人在這裡都是平等的。

而且我也發現，縱使與人面對面交流，也不需要勉強自己去讀空氣。因為過於善解人意，往往只會讓自己感到精疲力盡；對自我的過度

圖表 1-1　溝通的大忌

以對方一定懂為前提，
來進行溝通：

「看不懂別人臉色嗎？」
「沒說出來，你也應該要懂。」

↓

○	✕
有問題，立即發問。	**認知上有差異，造成工作延宕。**

壓抑，也會造成他人的負擔。

當然，我們必須謹言慎行、減少說錯話，但如果是必要的場合，不用顧慮氣氛、直接說出來，事情有時反而進展得更順利。

零社交成功技巧

- 溝通時，過度「善解人意」是大忌。
- 讀不了的空氣，就不要讀。

3 任何事情我都提早三十分鐘行動

在生活中，我總是盡力避免任何可能會發生的狀況，因此我傾向將生活固定成某種模式。

例如：衣物、日用品、家具等，都是選定以後就長年持續使用同一個產品。因此我只有一雙鞋、一個皮包；用到壞了，那就再買一個一模一樣的。

此外，放東西的位置也是固定的，像是耳機、頭痛藥，在皮包裡都有自己的位置。只要少了其中一樣，我就會感到渾身不對勁。

有一次，我一早起床，沒看到平常應該擺在桌上的耳機，當下腦袋只有一片空白，甚至無法正常思考，直冒冷汗、心悸不已。

這些反應其實就是所謂的恐慌症（按：現代文明病，常伴隨著胸悶、心悸的症狀），我一直都是靠藥物來控制。或許，有些人會感到不可置信，恐慌症患者竟然可以在充滿變動的新創業界生存。

不過，我之所以能做出一番成績，也是因為平常就為工作做足準備，並且將變化的風險降到最低。

舉例來說，我非常注重行程和計畫，就算只耽誤到一秒也不行。跟剛剛提到的耳機一樣，只要行程一脫離掌控，我就會焦慮不已。因此，任何事情我都會提早三十分鐘行動，保留將自己調整到最佳狀態的時間。正因為如此，我也才能一路苦撐過來。

雖然大家都說，不擅長的事情只要努力克服就好，但其實這真的非常困難。況且，一旦不這麼做，壓力更是排山倒海而來。

面對困難並加以解決，或許從旁人來看非常激勵人心，但坦白說，我實在沒有這種自信，所以我才會改用既簡單又能避免壓力的方法。而這樣的做法也沒什麼不好。

零社交成功技巧

- 一定要克服困難或怕生性格？千萬別勉強自己，壓力這種東西能少就少。

4 我從不勉強自己創造人脈

該經營人脈了——有些人會因為想擴展自己的人脈，而督促自己參加研討會、異業交流會或線上沙龍。這是當然的，若能跟自己尊敬的對象或志同道合的人稍有接觸，說不定就會帶來其他的工作機會。

但是，我認為**欠缺溝通自信的人，其實不需要勉強自己創造人脈**。

以前，我有一陣子對線上沙龍很感興趣，也參加了幾個團體，但我連一開始的自我介紹都做不到，也總是對小團體心生恐懼。所以，沒多久就退出會員了。除此之外，我也不喜歡有熟客的餐廳。

因為，對於既有的人際關係，我實在沒有勇氣要求別人接受我。

雖然營運長這個職位看似必須經常跟人交際應酬，但我幾乎不跟家人和公司同事以外的人說話。原因很單純，就是我真的不擅長應對進退。即便是和很想進一步攀談的對象見面，仍免不了詞窮。

有幾次，社群網友找我去喝茶，也就是一對一的聚會。這種我也試著赴約過幾次，但聊天時還是有一搭沒一搭，讓我十分困擾。

因此，不管我再怎麼想認識對方，初次見面我一定會**以工作為由向對方提出邀約**。**如果沒辦法一對一，就多約幾個人**。

這是因為，我不擅長閒聊（沒有目的的對話），可是如果對話有目的，我就能多聊上幾句。而這個時候，工作就是最適合的話題。就算彼此不熟，只要從工作開啟話題，大多很快就能打開話匣子，對話也會有很明確的目標。

而且，在工作聯繫往來幾次以後，當別人發現你是個值得信賴的人，自然就會替你引薦各種人脈。

我之所以會努力在推特（Twitter）和 note（按：日本的媒體平臺，可設定文章是否為付費閱讀）上發文，也是同樣的道理——因為，只要能讓對方主動搭話，初次見面的對話難度就會降低。而這些社群互動，就是讓我們對彼此有初步了解的最好媒介。

因此，當我想認識某個人時，我會先引起對方的注意。

怎麼做呢？就是以特定對象為目標來撰寫文章。

舉例來說，有時我寫文章會提到瑞可利，而日本企業家古川健介和知名專業經理人田端信太郎就曾在底下留言回覆。許多前同事也常會在網路上聊到瑞可利，因此我也會利用這點來寫文章。

正因為不擅長與人交流，如何打造出讓自己輕鬆應對的環境，就顯得更為重要。

零社交成功技巧

- 缺乏溝通自信的人，不必到處參加研討會或異業交流會。
- 不擅長交際，就用工作開啟話題。

5 抱歉，同理心是天生的……我沒有

綜合各方的意見，再闡述自己的意見——這種思考模式，對於缺乏同理心、無法洞悉他人想法的我來說，實在是模仿不來。

但另一方面，有些人就是可以在對話中應對自如。

舉例來說，日本ＩＴ企業 SHOWROOM（按：數位實況直播平臺）的ＣＥＯ前田裕二，也曾在 DeNA 工作過。我在當人資時，前田擔任的是面試官。

之後，在電視上看到前田擔任節目嘉賓，我發現，他經常能以完全不同的角度，說出令人心服口服的意見。其理解能力與臨場反應之

高，著實讓我佩服不已。

有一次，電視節目在討論一則「熊在村落附近出沒，造成村人困擾」的新聞。

當時，攝影棚內的來賓異口同聲的說：「只能把牠趕走了。」但前田卻說：「不能想辦法跟熊共存嗎？例如，用無人攝影機來監控，或是其他的方法。」

現場的氣氛一下子就變得不一樣了，就連電視機前的我也忍不住嘀咕：「原來如此！」

當所有人一致主張向政府單位陳情問題時，前田立刻就能察覺現場需要更多不同角度的觀點，並且同時找到自己的定位。這可不是誰都能學得來的能力，但若能學會，絕對會是提升職場力的一大利器。

不過，我認為，**並非人人都必須擁有同理他人的能力**。

前田擁有高度的同理心，這是他卓越的才能，再加上不斷的努力才有的成果。像我這種欠缺同理心的人，就算再怎麼努力也學不來。即便學會了，應該也很難達到前田的層次。

因此，與其勉強自己從別人的角度思考，還不如優先找出自己擅長的方法。

不過，儘管我不擅長溝通應對，但如果只是針對問題發表意見，我還是做得到的。

舉例來說，對於「九月入學」這個議題（按：日本入學是四月，與大部分國家在九月入學不同；因受新冠肺炎的影響，出現了延後入學的意見，因而引發熱議），我就在記事本上寫下許多想法，例如父母可能會這樣想、公司老闆會這樣想、遠距工作者會這樣想等。

若是突然有人問我，我就會用這些筆記來回答，然後**假裝自己是剛**

剛才想到的。

零社交成功技巧

- 努力同理別人、應對自如……你不需要成為這樣的人。
- 不會說，那就想好再說。例如，記下熱門新聞與話題，並寫下個人意見。

6 不會溝通？就用別人的嘴，解決問題

只要是人，多少都會受限於過去的成功經驗。而有時，這些成功經驗會成為我們向前邁進的阻礙，甚至招致非常糟糕的後果。

我在瑞可利工作時，剛進公司的第一年很順利，業績長紅，有時還拿到MVP獎（按：瑞可利的獎勵制度，分上、下期）。

但在進入第二年之後，我的表現開始失常。起頭是我因為業績被認可，當上五人小組的組長。

一開始，我還能維持之前的好成績，但不到半年，我的小組就垮了。組員們不僅經常遲到，開會時彼此之間也是劍拔弩張。

接著，團隊之中也開始有人抱怨：「好想離開這個小組」、「好無聊」、「想辭職，不幹了」。

老實說，部屬的這些抱怨，讓我非常的不以為然，但同時我也察覺到，這個狀況如果持續下去，勢必會影響到我的前途。

果不其然，似乎是有組員向上級稟報團隊的現況，沒多久上級就特地前來提點我：「你該好好面對部屬們。」

只是，儘管我很努力面對問題，卻依然苦無對策。就在我跟上級回報狀況時，上級給了以下建議：「先讓他們知道你是怎樣的人、怎麼維持工作幹勁，還有你的思考方式。」於是，我試著跟組員們分享自己的想法。

沒想到，情況反而更加惡化——不僅無法與組員達成共識，大家似乎只覺得我很難搞。

要是持續下去，一定會對團隊產生不良影響，再加上我依然無法理解自己為什麼非得被部屬批評成這樣，於是我便主動提出調職的請求。然而，上司並沒有把我調走。

換句話說，我非得收拾眼前這個僵局不可。

現在回想起來，這是我第一次由於溝通能力不足，必須獨立面對問題並設法解決。

不過，當時真的是做什麼都不對。

用了自以為正確的方法，反而產生反效果。越是堅信不疑，就越是自掘墳墓。因此，我決定改變思考方式，反其道而行，用了一個平常絕對不會用的方法。當自己擅長的手法不管用時，有時試試看完全不同的方式，反而能找到解決問題的線索。

當時，我做的就只是：**嘗試至今未曾試過的方法**。

舉例來說，原本我的小組每週開一次評估會（分享資訊的會議），等我看過所有組員手上的案件、想出方案後，才會逐一下達指示。因為，我認為這樣才能確實拿到訂單。事實上，這個會議也真的帶出了成效。

然而，對組員來說，這種會議方式忽略了他們的想法與感受，只會讓他們覺得自己是一顆任人擺布的棋子。因此，我取消了這個會議，改成**由承辦人自己決定工作方針**，我只負責支援他們。

之前每個大小會議我都會參加，後來也變成只出席重要會議。

我還試著召開自己最不擅長的一對一會議，頻率設定為一週一次，每次三十分鐘。因為不知道要說什麼，所以我**從頭到尾都讓組員自己發言**。除此之外，也試著舉辦聚餐（以前我覺得沒有意義，一直不想約這種聚會）。

當我不拘束在過去成功經驗之中，把過去覺得自己做不到、沒意義的事情全部都嘗試過後，組員們總算開始樂在工作了。

自己跟別人不一樣。

這是非常理所當然，卻又經常被遺忘的事實。其實，溝通能力也是如此。

如果沒有溝通能力的人，再努力也比不上天生口才好的人，那麼用「不需要溝通能力」的方法就好。也正因為不擅長，才有思考解決方法的空間。

零社交成功技巧

- 擅長的手法不管用了，就丟掉它。

7 你的年薪到底由誰決定？打破市場價值的迷思

遠距工作這個詞彙已逐漸普及，但一直到幾年前，沒聽過的人應該還不少。

其實，由我擔任營運長兼董事的 Caster 這間公司，約七年前就開始以「遠距工作」、「東京同等薪資」等條件招聘員工。這些條件在當時非常少見，大概有不少人都覺得這間公司很可疑吧！

不過，現在提到遠距工作，大家就會想到 Caster，目前來應徵的求職者每個月都超過一千名。相信在不久的將來，「具有遠距工作經驗」、「有管理遠距工作者經驗」等求才條件也會被日本各大企業所採用。

到了那時候，Caster 員工的市場價值，當然也就水漲船高。

不過，市場價值到底是什麼？

相信有不少人都認為提高自己的市場價值是必要的。只要是想出人頭地或跳槽的人，一定都會有這種想法。

不過，我個人是拒絕加入這種競爭的。

在激烈競爭下，當每個人都以金字塔頂端為目標時，結果往往是贏者全拿。因此，要持續獲得別人的好評，其實比你想像的還要困難。特別是對我這種無法察言觀色的人來說，很難和人一拚高下。

再說，我也不覺得在競爭社會中拔得頭籌，就能成為人生勝利組。

那麼，為什麼這麼多人想提高自己的市場價值？我想，這是因為市場價值與薪水收入有所關聯。

但實際上，年薪與市場價值並非完全成正比（見下頁圖表1-2）。

在出社會之後，我幾乎一直都待在人才市場上，但我的年薪完全是由產業成長、商業模式的獲利程度以及勞動分配率（按：指企業的人工成本占企業增加價值的比重）決定。

舉例來說，假設有一間企業想徵求優秀的工程師，可提供的年薪最高為八百萬日圓（按：約新臺幣兩百零八萬元），這個薪水並不差。但若是美國四大平臺GAFA（Google、Apple、Facebook、Amazon）等級的公司，工程師的年薪甚至可高達兩千萬日圓（按：約新臺幣五百二十萬元）。這兩者是無法相提並論的，同一個人去不同的公司就職，年薪就會出現這麼大的差距。

換句話說，**年薪其實大部分是由公司的薪資結構決定**。因此，為了增加收入而努力提升自己的市場價值，只不過是自討苦吃而已。

圖表 1-2 金字塔競賽的迷思

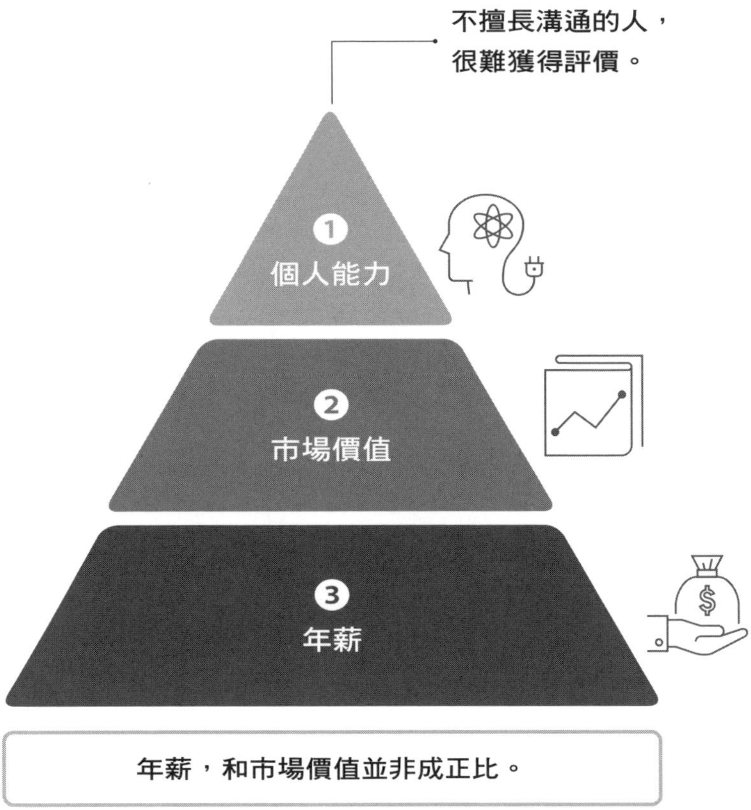
不擅長溝通的人，
很難獲得評價。
1
個人能力
2
市場價值
3
年薪
$
年薪，和市場價值並非成正比。

話說回來，社會價值和年薪也沒有任何關聯。

舉例來說，流浪狗收容所這份工作具有很高的社會價值，若有一年救助一萬隻狗的成效，卻沒有相當的年薪，實在很不合理。

但是，我們幾乎不曾聽過，有人因為救了很多流浪狗而得到高收入。相反的，不肖業者利用不當手段來賺取金錢的新聞卻時有所聞，例如詐騙集團，或是其他可疑的工作等。

也就是說，以市場價值與社會價值當作判斷的基準，本身就沒有邏輯可言。

反過來說，若我們能做自己喜愛或擅長的事情並獲得讚美，或是能夠生活得自由自在，這些價值才能真正幫助我們建立自信。我們每天努力工作，就是為了創造這樣的環境。

零社交成功技巧

- 工作再久都要記得一件事：你是你，不是別人。
- 提高市場價值、增加收入，是兩回事。
- 某些事真的學不來，就做自己最擅長的事。

溝通能力這種東西，
沒有也無所謂。

PART 2

不善於溝通，工作也能十倍勝

1 溝通能力和工作能力，並非正相關

溝通能力與工作成果乍看似乎有所關聯，但這兩者其實一點關係也沒有。

我在 Livesense 工作時結交的一位好友，就擁有驚人的溝通能力，說起話來跟藝人一樣流暢，對第一次見面的人也絲毫不怕生。

有一次，他在澀谷喝完酒、準備回家時，於交叉路口等紅綠燈，向身旁的陌生人搭訕了幾句，結果竟因彼此很有話聊，就當場邀對方去續攤。

還有一次，他對素昧平生的內人提出 Facebook 的交友邀請，在我

毫不知情的情況下，就跟我太太成了臉書好友。據他的說法是：「朋友的朋友，就是我的朋友。」

然而，這般看似超級業務員性格的他，其實業績並不亮眼。

後來，我在瑞可利工作時也同樣發現，公司裡總是有許多人能在聚會上炒熱氣氛，或是在九點例行朝會結束後，還能逗得大家哄堂大笑。不過，這些人當業務就能保持頂尖業績嗎？

事實並非如此。

還有，我也遇過不少善於察言觀色，又討人喜歡、非常機伶的人，但他們的業績卻往往不如其他同事，甚至略遜於在社交方面相對弱勢的我。

後來，我擔任人資時，試著比較各種案例，發現結果也都是一樣。

也就是說，許多老鳥都對新鮮人耳提面命：「要當業務員，就要鍛鍊溝通能力。」但在職場上，溝通能力卻不是最必要的。

會溝通，和會工作，其實是兩件事。

尤其，有一件事讓我體悟很深。

在 DeNA 工作時，我在人資部門負責招聘新鮮人，邏輯分析力是公司最重視的能力之一。

為了測試邏輯分析力，第一關面試會採用小組討論，並運用「費米推論」（Fermi Estimation Technique，透過某種推論的邏輯，可在短時間算出正確答案的近似值，被廣泛應用在企業徵才）來設計考題。

這時，發生了一個很有趣的現象。在分組討論中，可以看到各種不同類型的求職者。有些人口齒伶俐，從假設到結論的過程中，卻反覆出現矛盾；有些人即便口才不好，但只要被問到：「你有什麼想法？」他的反應又有如天才般令人驚豔。

藉由這個經驗，我認為單以小組討論的表達流暢度，並無法正確判斷出求職者的能力。

於是，隔年，我把第一關面試改成了筆試。如此一來，成績就不會被口才和應變能力所左右，也有助於我正確評斷面試者的邏輯分析力。

溝通能力高的人，在職場上往往較占優勢；如果這些人能及時察覺周遭氣氛，就更容易給人留下好印象。然而，這些能力在面試時或許是一種優勢，但在真正的工作現場，**個人的能力一旦受到考驗，只有會說話是無法派上用場的**。

反過來說，你能看出一個人在溝通以外的能力嗎？

我認為，這才是找出優秀人才、加入團隊的關鍵。

零社交成功技巧

- 越會說話的人，業績越好，只不過是一種幻想。
- 想挖掘出優秀人才？得評估溝通能力以外的能力。

2 你得先有工作，才有人脈

欠缺溝通能力是許多工作者的煩惱。

我認為，這個想法背後其實有個根深蒂固的觀念，就是「只要能建立人際關係，就能帶來工作機會」，而且許多人都受限於此。這也是異業交流會之所以會如此盛行的緣故。

不過，我認為這種想法根本是本末倒置。

不是有人脈，就能一起工作，而是因一起工作過，且有不錯的成果，才能建立起人際關係。後者才是正確的順序。

仔細想想，這不是理所當然的嗎？

我想，應該很少人會把工作交給無法信賴的對象吧？

就算在聚餐時相談甚歡，倘若對方只是出一張嘴，卻拿不出任何工作成果，我們也不會把重要的工作委託給對方。

也就是說，在培養溝通能力、建立人際關係之前，你必須擁有可以展現工作成果的專長。

換言之，大家口中的**「人脈」是透過工作，讓對方感到滿意後才「建立」起來的，而不是「刻意製造」的**（見下頁圖表2-1）。

有句話說：「工作的報酬是工作。」意思是，當工作有所成果，就是得到下一份工作的捷徑，而有無溝通能力只是其次。各位覺得呢？

我認為和誰都能當好朋友，是一種很棒的能力。

不過，若你想建立的是真正的人際關係或人脈，就算沒有這種能力也無妨。

圖表 2-1　人脈與工作的迷思

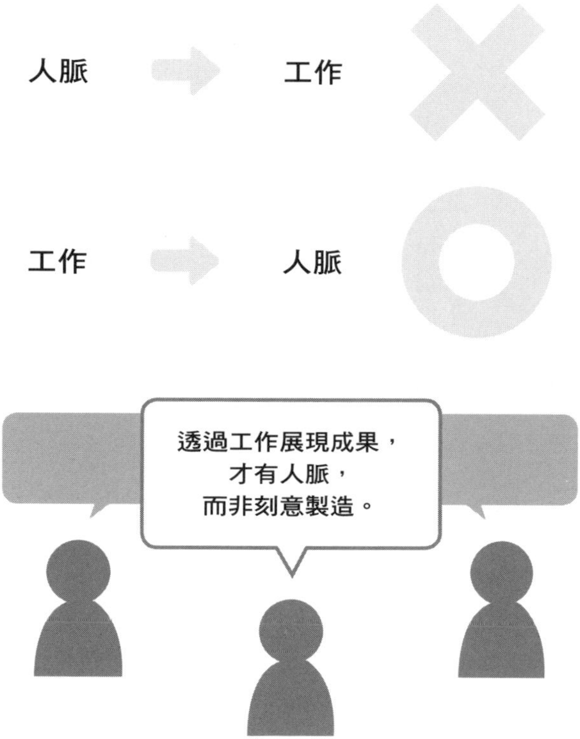

我們首先應該鍛鍊以下兩項溝通能力：

- 正確理解對方說的話。
- 確實傳達自己想表達的事。

只要持續練習，每個人都能學會上述這兩項能力。

我並不否定為了建立人際關係或人脈，必須加強溝通能力，但就算你做不到，也不必為此感到焦躁或氣餒。

因為，努力在工作方面給予協助，讓對方感到滿意，才是建立人脈的最佳捷徑。

我自己就曾因為溝通能力不足而失敗過無數次，但正因為依然能做出一番成績，才有現在的成就。

所以我認為，重點在於，先以做出成果為目標，之後才是加強溝通能力。但要注意的是，要是搞錯優先順序，可能會就此陷入惡性循環，大家務必謹記於心。

零社交成功技巧

- 在鍛鍊溝通能力之前，你有可以展現工作成果的專長嗎？
- 培養真正的人脈時，只有會說話也派不上用場。

3 彼此沒有目標的談話，就是瞎聊

不過，溝通能力確實在許多場合都很重要，這是不爭的事實。

但如果問各位：「什麼是溝通能力？」我相信幾乎沒有人能給出一個明確的答案。問一百個人，大概就會有一百種答案。

這是因為，溝通這件事無法一概而論，是由許多因素組合而成的。

比方說，光是溝通的種類，就大致可分成工作會議之類有特殊目的的類型，以及沒有特殊目的的閒聊等。接著，依溝通方法的不同，還有傾聽、說話、肢體語言等方式。而這些方法除了因場合而異，每個人也都有各自擅長和不擅長的溝通方法。

因此，我認為不能用「溝通能力」這種籠統的詞彙來概括一切。為了找到適合自己的溝通模式，我試著用因數分解的方式來拆解。接著，我漸漸發現了自己的特性，例如：我無法跟他人產生共鳴，也做不到察言觀色，但傾聽別人說話對我而言並不難。此外，我也不擅長閒聊，或是以建立關係為前提的對話，但如果是聊工作就沒問題。

如此逐項拆解之後，就能找出每個人特有的溝通能力。重點是，我們要如何從中找出活用這些能力的方法。

零社交成功技巧

- 正確理解對方說的話、確實表達自己想說的話，是兩種能力。
- 溝通能力其實是很模糊的概念，無法一概而論。

4 我自創的因數分解表達法

誠如前述，很多自認溝通能力不好的人，其實對溝通的定義都十分籠統。在這裡，我建議各位可先從自己擅長與不擅長的項目開始，並利用因數分解表達法將溝通能力逐項拆解。你會發現，溝通能力其實有很多種排列組合，例如：

- **類型**：達成目的型／建立關係型。
- **方法**：說話／傾聽。
- **應對**：察言觀色／配合現場氣氛／拉近距離。

- **人數：**一對一／團體／多人場合。
- **工具：**面對面（實際碰面）／線上對談（聲音、文字）。

首先，溝通分成兩種。一種是理解對方所說的話，同時表達自己想法的「達成目的型」。另一種則是，拉近和對方的距離，即使初次見面，也能營造良好氣氛的「建立關係型」。

此外，達成目的型與建立關係型，還包括「面對面」與「線上對談」、「聲音」與「文字」、「一對一」與「多人場合」等狀況。

請試著想像上述情境，確認自己在哪些條件下，最能感到輕鬆且無壓力。如此一來，就能找出適合自己的溝通方式。

接著，請在下列選項之中，將擅長的項目打〇，不擅長的項目打×，介於兩者之間的請打△。

● **類型：達成目的型**

□ 工作對話有明確的目標。

● **種類：建立關係型**

□ 閒聊。

□ 家族聚餐聊天。

□ 即使是初次見面，也能很快拉近距離。

● **方法：說話**

□ 不管對方是誰，都能聊不停。

□ 擅長搭訕陌生人、建立談話機會。

□ 能簡單表達自己的想法與意見。

□能用有趣的話題炒熱氣氛。

● **方法：傾聽**

□能理解對方說的話。

□能讓對方了解你對他感興趣。

□能引導對方說出心聲。

● **應對**

□能想像或察覺對方的心情。

□會看場合。

□即使是第一次見面，聊天也不會冷場。

□能視對方的情緒與現場氣氛，選擇恰當的應對方式。

□能和對方有說有笑。

□討人喜歡，和所有人都能打成一片。

□對話結束後，仍能維持人際關係。

● **人數**

□一對一對話。

□加入數人場合（例如四人）的對話。

□加入多人場合（十人以上）的對話。

● **工具**

□擅長面對面談話。

□擅長線上（透過雲端視訊會議 Zoom 等軟體）對話。

□ 擅長使用文字訊息。

如何？回答這些問題，將自己擅長與不擅長的項日表列出來，就能找到自己的溝通類型。

零社交成功技巧

- 用因數分解表達法拆解自己的溝通能力，再分別找出自己的強項、弱項。

5 九〇%的人都用錯溝通方法

藉由因數分解，確認自己屬於的溝通類型後，接著就能思考如何活用該類型的工作方法。

舉例來說，我個人的答案如下：

- **種類：達成目的型**

□工作對話有明確的目標。……〇

- **種類：建立關係型**

□閒聊。……△

□家族聚餐聊天。……△（以小孩的對話為中心）

□即使是初次見面，也能很快拉近距離。……×

● **方法：說話**

□不管對方是誰，都能聊不停。……×

□擅長搭訕陌生人、建立談話機會。……×

□能簡單表達自己的想法與意見。……◯

□能用有趣的話題炒熱氣氛。……×

● **手法：傾聽**

□能理解對方說的話。……◯

□能讓對方了解你對他感興趣。……×

□能引導對方說出心聲。……△（利用技巧）

● **應對**

□能想像或察覺對方的心情。……×

□會看場合。……×

□即使是第一次見面，聊天也不會冷場。……×

□能視對方的情緒與現場氣氛，選擇恰當的應對方式。……×

□能和對方有說有笑。……×

□討人喜歡，和所有人都能打成一片。……×

□對話結束後，仍能維持人際關係。……△（利用通訊軟體）

● **人數**

□ 一對一對話。……△（僅限工作話題）

□ 加入數人場合（例如四人）的對話。……△（僅限工作話題）

□ 加入多人場合（十人以上）的對話。……×

● **工具**

□ 擅長面對面談話。……△（僅限工作話題）

□ 擅長線上對話。……△（僅限工作話題）

□ 擅長使用文字訊息。……◯

綜合上述回答，我比較擅長的溝通類型是：

- 達成目的型對話。
- 能夠簡要表達自己的意思，同時理解對方說的話。
- 一對一，或是較少人數的場合。
- 文字訊息。

相反的，我最不擅長的溝通方式則是：

- 藉由對話建立人際關係，例如跟初次見面的人破冰。
- 察言觀色。
- 十人以上的場合。
- 面對面溝通。

最具代表性的例子就是派對。

由於工作性質的關係，我經常受邀參加派對。但每次參加，名片都交換不了幾張，倒是 buffet 的菜色可以全部吃一輪，最後再喝得醉醺醺的回家。

相信各位也有類似的經驗。例如，有些人在家長聚會或同學會能積極發言，也能與其他人聊天，但在一對一的工作場合上，就無法流暢表達；也有些人是在工作上溝通順暢無礙，也非常會看人臉色，但私底下卻無法與人拉近距離，因而完全交不到朋友。

就像這樣，雖然都是用溝通兩個字來概括，但之中其實包含了各種細節，依各種場合也有些微差異。

例如：有些人不愛說話，可是一發送文字訊息或郵件就變得很活潑；也有些人網路發言十分嗆辣，實際見面後才發現本人很溫和。其實，這是因為每個人的表現方式以及場合都不一樣。

因此，重要的不是溝通能力，而是如何活用自己擅長的方式；對於自己的弱項，只要用一些撇步好過關即可。

像我擅長的溝通類型是：

- 達成目的型對話。
- 能夠簡要表達自己的意思，同時理解對方說的話。
- 一對一，或是較少人數的場合。
- 文字訊息。

由於一對一、文字訊息是我拿手的溝通方式，因此效率也能有所提升。所以，儘管我不擅長面對面的溝通管理，但如果是遠距模式，表現就出色許多。

當然，並不是所有場合都能只用自己擅長的溝通方式。即便是我，有許多項目也都是打「×」。但是，我認為就算不努力克服問題，只要花一點小心思，工作一樣能有所成果。

零社交成功技巧

- 找到自己的溝通類型，進一步思考：哪些工作方法能讓自己發揮能力？

6 怕生的人不用尬聊，而是「選座位」

相信許多讀者都有過這樣的煩惱：我很怕生，怎麼辦？

我也是典型的怕生一族。不過，我建議不要用「怕生」這個抽象的概念來思考，而是像拆解溝通能力一樣，要用具體的項目來分析。

所謂的怕生，多半指的是無法和初次見面，或是過去沒有關聯的人流暢對話，以及順利建立人際關係。

用上一節溝通的類型來分拆，怕生的人具有以下特性：

- 不擅長建立關係型的對話。

- 找不到說話的時機。
- 和初次見面的對象無法持續對話。

如果我們只聚焦於很怕生這件事，就會見樹不見林。

但如果你能進一步分析出，自己其實是不擅長和別人建立關係、找不到說話的時機，接著就能找到應對的方法。

舉例來說，和初次見面的人，可以事先決定要說哪些話題，例如：第一次發問要問這個問題，或者是找個友善親切的人等，都是有效的方法。

如此一來，就不必每次都為話題而費盡心思，同時也能降低主動開口搭話的難度。

順帶一提，我也不太擅長在家長聚會跟其他家長聊天。

尤其是準備好各種話題、主動跟別人搭話。不過，我還是想要跟其他家長建立友好關係。

思考過後，我採用了一個方法。

這個方法就是，**坐在會主動搭話的人隔壁**。

在這種場合之中，一定會有人跟自己是完全相反的類型，找話題或主動搭話對他們而言是輕而易舉。

每當我看到這樣的人，就會坐在他的隔壁或附近，然後等對方主動開口。雖然我不擅長搭話，但回答問題於我而言並不困難，所以只要有人主動找我說話，對話就能持續。更何況，家長們還有「育兒」這個共通話題。

這也是不用克服怕生，利用因數分解就能找到解決方法的例子之一。因為我只是找不到開口的機會，但只要有一個能製造機會的人在身邊，我也能和周遭的人建立起人際關係。

不擅長的事就是學不會，但只要找到可以過關的方法，就不會再為此而困擾。

零社交成功技巧

- 找不到話題，總是邊緣人？那就坐在會主動搭話的人的旁邊，等聊天。

將溝通能力因數分解，
就能找到自己最擅長的方法。

PART 3

把失言變加分的回話技巧

1 想一個打動人心的故事，然後只說它

我除了不擅長當面溝通以外，也做不到八面玲瓏、快速拉近和別人的距離。

不過，在瑞可利、Livesense 和 DeNA 工作時，我的業績一直都是前幾名。之所以能有這番成績，是因為在職場上，我一直提醒自己，要避免用不擅長的方式和別人競爭，才找到了自己特有的致勝方法。

而這套方法簡單來說，就是**用簡單的詞彙和平易近人的例子，促成彼此的共識**。只要以譬喻的方式，表達自己要傳達的事情，然後只說它就可以了。

十多年前，我還是飛特族時，曾做過電銷工作，負責打電話詢問住戶是否願意簽訂光纖寬頻上網的合約。然而，白天會留在家裡的幾乎都是銀髮族，因此如果我只問：「請問要不要把ＡＤＳＬ換成光纖？」年紀較長的客戶通常是一知半解。

這時我就會用譬喻法，把艱澀難懂的光纖，換成和對方生活息息相關的話題，讓消費者有判斷的依據。

這時我會先說：「您平常會去買東西吧？」、「您去超市是騎腳踏車還是走路呢？」若對方回答騎腳踏車，我就會進一步說明：「請想像一下，如果我們把腳踏車換成電動腳踏車，不僅可以運送更重的物品，行動也會變得更輕鬆、更快速。」

接下來，只要再說：「把ＡＤＳＬ換成光纖，就像把腳踏車換成電動腳踏車一樣，雖然電動腳踏車貴了一點，卻很方便。每天都要用的東西，更方便、也更舒服，不是很好嗎？而且光纖會越來越普及，以後大家就都是用光纖了，現在簽約還有免費安裝喔，您要試試看嗎？」接著，對方通常就會答應。

我唯一要做的，就是**不斷重複一個故事**。

尤其是電話行銷，只要有固定的行銷話術就夠了，也不用看著對方的臉說話（低著頭說話也無所謂），完全不需要察言觀色。

因此，對我這種不擅長溝通的人來說，工作起來不僅輕鬆，又十分自在。但另一方面，也有些人非常討厭被掛電話、被拒絕。不過，換個立場來想，突然有推銷電話打來，一般當然都會拒絕。

更確切的說，**被拒絕才是正常的**，那些**願意聽你說話的人可是難得的大好人**。雖然常常被別人拒絕，但如果你可以轉換角度——被拒絕，卻還是有人願意聽自己說話，原本難過的情緒或許就能得到釋懷。

心情一平和，工作起來也比較開心。工作開心，就會有成果。工作有成果，心情就會更平和，工作也會更開心。有些人會說：「心情穩定，工作就會有成果。」、「有熱情，工作就會有成果。」但我認為恰恰相反。

不論是多麼快樂的工作，努力一個月卻以失敗收場，心情一定會十分沮喪。相反的，若一天就能做出十項成果，成就感絕對會大幅提升。因此，如何穩定的拿出工作成果，才是最重要的。

零社交成功技巧

- 避免用不擅長的方式，和別人競爭：說故事，才能抓住人心。
- 工作有了成果，自然就會產生幹勁。

2 能不見面就不見面的電話名單管理法

順利進入瑞可利工作之後，我負責的第一項專案，是幫求才雜誌《TOWNWORK》開發新客戶。

雖然一般都是先打電話，若沒有下文再親自登門拜訪，但我則是以**能不見面就不見面，可以做出業績就好為原則**。

因為，要一個不擅長社交的人去拜訪陌生客戶、談工作，還要引起對方的興趣，根本是不可能的任務。

然而，我卻真的做到了——不用面對人群，僅靠電話行銷就讓業績達標。

話雖如此，貿然打電話給對方談合作，卻不一定能接洽到承辦人，甚至有可能直接被拒絕。

因此，我選擇按兵不動，先觀察同事和前輩的工作狀態。

在這個過程中，我發現了一件事。

第一次打電話，順利被轉接到人資單位的機率大約是一〇％；十次之中，只有一次成功。也就是說，大部分的人根本連談都沒談到。

所以，如果能把這個機率提高至兩到三倍，再不會講話的人也應該都能有點成績。

於是，我拚命思考：到底該怎麼做才能達到這個數字？

後來，我澈底執行的是「**名單管理**」。

承辦人在不在？有沒有問到名字……我把每一次打電話得到的結果，通通記錄在Excel的表格裡。

如此一來，就能歸納出一套規則。例如，這個承辦人週一上午經常不在。那麼，下次就可以試著在週一下午打電話，或是直接避開週一。

而且，我還會按照電話清單，分別在週一到週五的早上、中午和傍晚打電話，結果十通電話裡，有五通是由承辦人接聽電話。

換句話說，我和承辦人直接交涉的機率是同事的三倍，因此業績至少也是三倍以上。

不過，這時的我並沒有用什麼銷售話術，只能事先想好固定的臺詞，並照本宣科。

接著，再向對方強調《TOWNWORK》每期都有專題報導，若能刊載在專題報導上，應徵人數就會提高。

舉例來說，如果下一期是美食專題報導，打電話給餐飲業時，我就會強調刊載在雜誌上的效果。再加上客戶都會給講稿或官方文宣，所以我只要大致上照著唸就好了。

其實這個方法，只要利用「專題報導」這個關鍵字就夠了。

舉個例子，「醫療專題報導」就打電話到各個診所，「銷售專題報導」就打電話到零售店或是飾品店……所有的行業都可以**用同一套手法行銷，不需要說服客戶，也不需要建立良好的人際關係**。

就算笨口拙舌，只要事前擬好講稿內容，要打電話其實並不難。即使是像我一樣的職場邊緣人，也能達成業績目標。

零社交成功技巧

- 能不見面就不見面，只要能做出業績就好。
- 仔細觀察周遭，找到自己特有的工作方法，並澈底執行。

3 聽不懂就直問：「具體來說，您的意思是？」

我認為，溝通能力之中，只有兩種和工作成果有直接的關係。

第一是，能否用淺顯易懂的方式，表達自己想說的事。

第二是，能否確實理解對方說的話。

這兩項能力都是後天可以鍛鍊的。只要做好準備，就能補足。

然而，越是欠缺溝通能力的人，越容易因為擔心對話中斷，而不懂裝懂。在工作時，這絕對是大忌。

如果我們在第一時間無法理解，就必須促使對方用更具體的方式說明才對。

那麼，該怎麼做？

也還好我是個不擅長洞悉他人心思的人，所以只要一有不懂的地方，我一定都會問清楚。而我最常說的一句話就是：「具體來說，您的意思是？」

只要這樣問，大多能引導對方具體詳細說明，也能讓事情變得更加明確。這就跟和熟人聊天時，會問：「然後呢？」是一樣的道理。

此外，「跟以前有什麼差別？」、「跟其他公司的服務有什麼差別？」也是萬用問句。

一旦有了比較，大部分的人都能列舉出淺顯易懂的例子。

舉例來說，當客戶向你反映「徵才不順利」，你可以先問：「具體來說，請問是哪個地方有問題呢？」藉此促使對方進一步說明。

這個時候，你只要針對回答，再用擴充問題的方式提出問題，對方就會將自己的問題一一說出來。當你問到連小學生都能聽懂的層次後，要拼湊出事情的全貌就不難了。

零社交成功技巧

- 在商務場合，不懂裝懂是大忌。

4 主管要配合部屬的理解能力下指令

我之前在各種不同的企業工作，也曾管理過一百名以上的員工。在這之中，我發現，儘管只是傳達一件事，仍須多費心思，否則對方無法理解，也不會採取行動。

一開始，我認為這是能力問題，但後來我才了解到，並非所有優秀企業的員工都具有舉一反三的能力。即使是DeNA這種大企業的員工也不例外。因為，懂的人就是懂，對於不懂的人，你就必須花點心思，改變原本的表達方法；甚至得依照每個人的狀況，設法告訴他們必須了解的事實。

如果對方聽不懂，那就解說到對方理解為止。我一直以來都是以這樣的方式管理部屬。

我認為，**人不會為了「無法想像」的事而採取行動**。

舉例來說，當上司突然要求你業績要達到一百萬日圓，對於沒有經驗的菜鳥來說，絕對是毫無頭緒。

不過，若將這句話說得更具體一點，例如：「如果業績要做到一百萬日圓，等於你必須先拉到十位客戶。」

如果對方還是無法理解，那麼你就要說得再具體一點，例如：「要讓十位客戶下單，至少要拜訪三十位客戶。」如此讓對方主動想像自己下一步的行動，進而找到方針。

重點是，要配合對方的經驗與理解能力，詳細說明指示。因為，不少人都是要聽到非常明確的指示，才會知道自己下一步該怎麼行動。例如：該打幾通電話、該管理哪些清單、哪些目標才適合推銷。

也就是說，要**把指示拆解到對方能夠理解的程度**。我認為，**只有配合對方的理解能力去表達，對方才會採取行動**。

舉例來說，一位業務員在向新創企業老闆，介紹人資和徵才業務的外包服務時，若以對方對人資業務略微了解為前提，直接用專業術語說：「我們從徵才計畫逆推出ＫＰＩ（按：Key Performance Indicators，關鍵績效指標），主動徵才的重點是這樣，貴公司公司要這樣應對、日程要這樣調整……。」

這時，由於那些老闆不是人資或才力仲介專家，往往無法理解這些方法的優點，以及外包的具體做法，當然也就無法理解業務員所要傳達的概念。

當雙方的知識背景不同時，建議可以用一句重點來說明概況。

以這個案例來看，我會這麼說：「明天開始，貴公司的所有徵才工作就由敝公司的三人團隊負責。基本上，貴公司只需要面試求職者，空出時間等待就好！外包服務就是這樣的概念。」

在進入正題之前，能否將重點簡單表達，會有截然不同的結果。

雖然人資的業務很瑣碎，但因為「我只需要面試，其他的工作都交給外包」這句話是對方可以理解的，因此對於外包是什麼樣的服務、有什麼優點，自然能具體想像。

「對方聽不懂」、「明明談的時候感覺還不錯，對方卻沒有採取行動」、「做出來的結果跟想像的不一樣」，若你有上述這些煩惱，絕大部分都是因為對方無法具體想像，或是彼此的認知不一致。此時，表達一定要越具體越好。

零社交成功技巧

- 配合對方的理解能力，才能促使對方有所行動。

5 用發言筆記，看穿職場心機

我在 DeNA 工作時，負責面試剛畢業的新鮮人。或許有些人會覺得，一個不擅長解讀他人心思的人能勝任這種工作嗎？但就結果而言，我錄取的新鮮人報到率超過九〇%。

為什麼不擅長溝通、不會看人臉色，也無法同理別人，卻能夠有這樣的好成績？我將在此章節說明理由。

DeNA 是一間新創大企業，徵才時總是會收到許多優秀新鮮人的履歷。不過，由於這些優秀的人才十分搶手，因此人資必須在求職者到其他公司面試之前，讓他們以 DeNA 為優先選擇。

許多人資在面試時，都會以求職者的人格特質、適應能力等為主要考量，或是試探對方所言是否屬實。但，我在前面的章節也提過，自己並不擅長解讀別人的想法。

所以，在面試新人時，我會盡量將對方說的話記錄下來。

對方的想法、生長背景、是否適合公司等，這些都不是重點。我要做的，就只是**將對方所說的內容筆記下來，並且是全心全意只做這件事**。或許有些人會覺得這個方法很普通，但它真的很管用。

透過記錄對方的發言，有時會發現言語中的矛盾之處。例如，這句話跟剛剛所說的不一樣等。

而且，只要查看這些筆記，很快就能找出這些矛盾的來源，並且進一步提出清楚有邏輯的好問題。

此外，發言筆記還能看出每位求職者在思考精細度上的差異。

舉例來說，曾有位新鮮人向我表示希望進入 DeNA，可是他想從事管理顧問的理由卻很籠統。當時，我猜測，他選擇這份工作大概只是出自於憧憬。於是，我便問他：「有向企業顧問打聽過工作內容嗎？」果不其然，他回答：「只問過三個人。」

如果是這樣的話，我會建議他：「你可以先去打聽一下，等你對管理顧問、人資都有一定的認識之後，再來思考要選哪一個。」

後來，我終於找到原因。他之所以會猶豫，其實是因為他未來想創業，但不知道哪一條路對創業比較有幫助。而此時，我就能請待過顧問公司，目前是子公司社長的同事前來跟對方對談。

面試過的新鮮人越來越多之後，我也漸漸掌握到識人的訣竅，並且將這些新鮮人歸納出一套固定的模式。

零社交成功技巧

- 善用發言筆記，面試、溝通……都能輕鬆找到矛盾點。

6 省略客套話，單刀質問才有力

缺乏同理心還有一個好處，就是能夠毫無顧忌的提問。當你的提問可以直搗核心，對方就會因為無法迴避，而不得不說出自己內心真正的想法。

我讀小學的時候，曾經發生過一件事。

當時，我因為家庭因素經常轉學，而被同學集體排擠，帶頭的老大叫大家不要跟我說話，但我完全不懂自己為何會被排擠。

有一天，我和帶頭霸凌的男同學在學校門口巧遇，現場只有我們兩個人。一般人在這種時候應該是避之唯恐不及，但我卻直接問：「為什麼老是不理我？」沒想到對方立刻就回答了，單純只是因為覺得我老是裝模作樣。

後來，或許是對方也覺得霸凌很無趣，其他同學們也就不再排擠我了。

兩個人在對話時，很少有人能強勢到完全不予理會。因此，當我們直接提問時，大部分都能得到回應。

這種方法在工作時也能派上用場，尤其是**客訴處理**。

客訴處理是我非常拿手的工作。

如果是我方的疏失，當然要直接道歉。不過，若是對方得寸進尺，我就會直接反問：「請問您剛剛的說法有什麼根據嗎？」

若是不知道對方生氣的理由，就直接問：「很抱歉造成您的困擾，請問您認為哪裡有問題呢？」

如此一來，對方就會具體說出客訴的對象及理由，彼此的溝通也會更加順暢。

接著，若能將客訴處理的方法分門別類，再從中歸納出標準作業流程，就能打造出一套獨特的客訴應對之道。

要把難以開口的事情說出來，或許很困難。不過，一味的察言觀色，有時反而會讓你遠離問題的核心。

零社交成功技巧

- 單刀直入的提問，溝通反而有轉機。

7 信任是一種加法

是否要再親近一點、更有禮貌一點……人際關係的分寸拿捏著實不容易。

儘管如此，我也不會因為對象而改變態度，對任何人都是以禮待人。就算是感情再好的同事或朋友，也以姓名稱呼。唯一不用禮貌用語的，就只有一起工作過的直屬後進。

我之所以會這樣說，是因為「以禮待人」最不會出問題。再者，我無法察覺對方的感受，也無從判斷到底怎麼樣的交情才能算是朋友，又或者其實連朋友都不是。因為無法判斷，所以我不會擅自踩過那條人際線。

常跟我一起吃飯的朋友，約有四到五人，常常是因為工作或有事才會相約見面。縱使能聯絡上的人不少，但彼此的關係既稱不上親密、也稱不上疏遠。再加上，因為無法確認對方是怎麼想的，所以我一直很煩惱到底要把這些人定位為點頭之交還是朋友。

不過，這也不見得是壞事。正因為我對所有人都一視同仁，才沒有惹出奇怪的人際問題。

而且，我還有一項原則，就是我會無條件的信任對方。

信賴是一種加法，有些人會覺得要認識一段時間才能互相信任，但如果你決定要信任對方，其實這件事在當下就成立了。

而且有時，當我們覺得「這個人跟自己不合拍」時，對方多半對你也有一樣的感覺，不是嗎？

事情一旦到了這個地步，就算沒有任何特別的原因，也會讓彼此的關係顯得莫名尷尬。

因此，請**不要預設立場，認為這個人跟自己不合**，而是先試著信任對方、經常往來，直到能互相理解為止。這種處理方式除了比較不會讓人疑心生暗鬼以外，工作起來也更加輕鬆。

零社交成功技巧

- 不論對方是誰，都要以禮待人。
- 一視同仁，就不會招惹出奇怪的人際問題。
- 信賴是加法，讓工作更輕鬆。

8 我會準備四種不同長度的回答版本

面對突如其來的問題，我常會不知所措。但只要事先準備好應對內容，我就能正常發揮。

我目前在日本富士電視臺的新聞節目《FNN Live News α》擔任嘉賓。從觀眾的角度來看，我好像是突然被問到意見，但實際上，我是經過充分準備才去上節目的。因為，最讓我不安的，就是事前沒做準備。

一般來說，我會開播前的兩個小時和製作人、導播開會。

大致上，對方都會直接交辦細節，舉例來說：「今天會播這支VTR（Video Tape Recorder，錄影機），麻煩你準備一分三十秒的講評。」

接著，就開始進行事前討論，直到節目開始。不過，除了一分三十秒的版本之外，我還會**額外準備一分鐘、一分十五秒、一分四十五秒，以及兩分鐘等四種不同長度的版本**。

這是因為，現場播出的節目常有突發狀況，再加上節目有時間限制，現場常會有多講十五秒、少講三十秒等臨時指示。

因此，若沒有事前準備，其實很難應對自如。不過，若能提前準備好以十五秒為單位的縮短與延長版本，我就能不慌不忙，冷靜應對。

接著，在節目開始之前，我會用碼表測試時間，自行彩排，確認是否能靠說話速度來調整時間。若無法調整，就再增加或減少幾個句子。

日本主播三田友梨佳常稱讚我：「總是把時間控制得剛剛好。」其實我只是事前做足準備而已。

最近我越來越習慣節目的節奏，練習的次數也漸漸減少。節目導播還對我說：「會做這種事前練習的，也只有石倉你了。」

在能夠預測到的範圍內，盡量做好準備，那麼，即便有突發狀況，也能見招拆招。

當然，這個方法並無法迴避所有的突發狀況。但若是發生超出準備範圍以外的問題，只要適度調整事前準備的內容，避免同樣的狀況再次發生就好。

零社交成功技巧

- 口條再厲害，都是「準備」出來的。事先準備能幫你應對突發狀況。

9　一張投影片，只講一分鐘

雖然有些人不需要任何準備，僅靠臨場反應就能立刻上臺做簡報，但對我而言，這是完全做不來的事情。然而，工作上的簡報幾乎是無可避免。

這時，我的方法是「一張投影片，只講一分鐘」。

規則很單純，掌握自己一分鐘能講多少，投影片也只做到相對應的內容就好。

以我來說，簡報的目的不過是表達自己想說的事而已，因此我不要求自己資料一定要做得多時尚新潮，或是精緻美觀。十五分鐘就是十五

圖表 3-1　邊緣人 CEO 的簡報技巧

1. 一張投影片，只講一分鐘。

2. 一張簡報，只傳達一個訊息。

3. 不脫稿演出，把講稿寫在 PowerPoint 的備忘稿欄位上。

張投影片，三十分鐘就是三十張。

簡報的重點是，必須力求精簡。**一張簡報，只傳達一個訊息。**

我已經很習慣做簡報，因此可以立刻著手製作投影片。若是簡報新手，建議可以先在白紙上打草稿，並逐一擬定每張簡報的內容，之後再實際製作。如此一來，就能做出精簡又清爽的投影片。

在製作投影片時，我也會**事先準備好講稿，且不留任何臨場發揮的空間**。例如：善用 PowerPoint 的備忘稿欄位（只有發表者本人看得到），在上面寫上一分鐘的講稿（見下頁圖表 3-2）。

接著，就是觀察臺下聽眾的反應。若是演講就注意問卷結果，反應不佳就要再修正內容，加以調整。

還有，我會一直用受歡迎的點子，就是所謂的「經典梗」。

既然我無法想像對方的心情，那麼我就觀察聽眾在哪裡笑出來，又或者是在哪裡氣氛變得很熱絡，甚至是直接上推特搜尋網友的意見。

有時，我會在自我介紹時，加上一句和前文完全無關的臺詞，例如：「我最喜歡的冰淇淋口味是薄荷巧克力。」然後再說：「這是今天最大的重點。」出乎意料的，許多聽眾都會莞爾一笑。

圖表 3-2 備忘稿欄位

石倉秀明（**Hideaki Ishikura**）

Caster 股份有限公司營運長兼董事

2005 年，曾任瑞可利人力資源行銷單位；2009 年 6 月，跳槽至 Livesense，擔任求才網站「JobSense」負責人。之後進入 DeNA 工作。

2019 年 7 月，同時兼任新事業 bosyu 負責人，並以推廣遠距工作為目標；現為 Caster 股份有限公司營運長兼董事。

最喜歡的冰淇淋口味是薄荷巧克力。

我是 Caster 的石倉，請多指教！

進入 Caster 之前，我曾在三間公司上班，分別是瑞可利、Livesense 與 DeNA。之後自行創業，當時剛好遇見了 Caster，因緣際會把自己的公司賣給 Caster，目前擔任 Caster 營運長兼董事。

以上是我的自我介紹，然後我最喜歡的冰淇淋口味是薄荷巧克力。

這是今天最大的重點！

寫上講稿。

❶ 輕鬆找人才（Caster 徵才每月超過 1,000 人）。
❷ 易於管理。
❸ 速度快。

經營上的極大優勢。

經營上的三項優勢：

1. 輕鬆找人才，求職者來自日本全國各地。
2. 通訊軟體的工作對話紀錄一目瞭然，比在辦公室更容易掌握員工狀況。
3. 在通訊軟體上就能直接討論，不需要特地召開會議，工作的速度也能因此而提升。

零社交成功技巧

- 簡報照稿唸即可，而且絕不即興發揮。

10 只說「很像自己會說的話」

能歸納出固定模式的，可不是只有工作方法。

我在參加活動、上臺發表或是接受採訪時，一定會注意一件事，就是「統一自己的形象」。

於前文也提過好幾次，因為我不知道對方的期待是什麼，也無法預測，更無法臨機應變。所以，打從一開始，我就會說一些「很像自己會說的話」。

舉例來說，我是 Caster 的營運長兼董事，常有機會對公司經營者或人資發言，基於公司風格的營造，我也常需要發表一些特別的言論。

比方說，當對方針對遠距工作議題，問我：「這樣員工不會偷懶嗎？」或是「遠距工作要怎麼評量員工的績效？」此時，我會直接回答：「你們會錄取不管理就會偷懶的人當員工嗎？」

雖然視現場氣氛，彈性發言也很棒，但對我而言實在太困難了。因此，倒不如讓別人覺得「你就是會說這種話」，反而落得輕鬆。

當自己的角色形象明確時，不管參加何種場合，就只要照平常一樣就好。聽眾也會因為聽到自己所期待的內容，而感到滿意。

此外，在社群網站或 note 上投稿、公司內部的文字訊息，以及和客戶開會時，我也都會注意維持自己的形象。

不過，要注意的是，若是不小心失言，就會導致形象無法統一。因此，坦率說出自己的想法非常重要。

零社交成功技巧

- 統一自己的個人形象，失言也能變加分。

不想輸在不會表達，
就別在意什麼溝通障礙。

PART 4

只做擅長的事，只說該說的話

1 同樣一句話，每個人的解讀都不一樣

為人際溝通煩惱的人，多半認為人與人之間必須互相理解，例如：「為什麼他就是不懂我？」、「為什麼我不能跟別人一樣察覺對方的心情？」或是「為什麼我不會看人臉色？」

同時，還會不斷的跟他人比較，鑽牛角尖的想：「為什麼別人都能做到的事，自己卻做不到？」並因此而喪失自信。

其實，那些很會溝通的人，也不見得是真的和對方有共識，一定也會有無法互相理解的時候。

舉例來說，在某間公司裡，有一個小型工作團隊。

當上司交辦工作：「把這個做好。」接著，每位成員就會按照指示各自行動。但是，「把這個做好」可以有很多種意思，怎麼定義更是因人而異。

例如，「先告知客戶時程表」、「先調整好再跟客戶說」、「先把資料交出去，趁空檔做其他工作，效率比較好」，或是「這個客戶很重要，最好先聯絡」等。

每位員工思考的重點都不一樣，上司能用一句「把這個做好」概括所有工作，前提必須是每位成員都要有一樣的認知。

要培養出這種團隊默契，需要累積相當程度的溝通。

雖然也有人比較習慣簡化溝通，但我認為這背後其實隱含著「最好我不說，你就能懂」的期待。然而，這個的前提是，你和對方已很有默契。

不過，就像我剛剛提到的，這需要累積到相當程度的溝通。若欠缺上述基礎，**對同一句話，便很難有一樣的理解**。我過去管理過的部屬超過上百人，就算是同一件事，每個人解讀出來的重點也都各自不同。

換言之，人與人無法立刻互相理解是理所當然的，我認為這才是最真實的情況。

零社交成功技巧

- 對一句話有不同的理解，是理所當然。

2 溝通就是增加對話與回應的次數

由於新冠肺炎的影響，許多企業都開始引進遠距辦公，但同時也有一些人開始抱怨，遠距工作讓溝通變得難上加難。

我想，許多人之所以會這樣認為，可能是因為我們在面對面溝通時，除了語言和表情之外，通常還得觀察對方所散發出的氛圍與態度。

可是，一旦轉換成遠距模式，從對方身上可以獲得的資訊勢必會大幅減少，這些人或許就是因此覺得棘手吧。

我在遠距企業工作，經常會碰到上述這種狀態，而這個時候，我會先**增加對話與回應的次數**。

之前已提過，Caster 公司約有七百位員工，包括外包人員，絕大多數都是採用遠距模式。

而「CASTER BIZ」則是我們主要的線上支援服務，承包各企業公司的總務、人資、祕書等業務。其中，還有一個事業部門，專門負責人才招聘、承包客戶徵人工作。

有一次，有員工被客訴。然而，在我問了業務承辦人後，實在找不出有什麼缺失。能為客戶做的事都做了，該名員工也非常能理解客戶的需求。

於是，我試著刻意增加文字訊息的傳送次數。除了工作相關事務以外，也**改聊一些沒有目的性的話題**。

沒想到改變溝通方式之後，客戶滿意度竟逐漸提升。

不過，其實在工作流程上，我們並沒有做任何改善。這個經驗告訴我們，即使沒有正面對談的機會，只要確保一定程度的對話量，就能與對方建立互信。

不過，也有些人不喜歡與別人線上聊天。對這種人來說，一直傳送訊息只會造成他的壓力。此時的溝通，建議只要做到最低限度的聯絡通知就好。

零社交成功技巧

- 對同一句話，有同樣的理解，是奇蹟。
- 不要過度簡化溝通過程，只要增加說話與回應次數，彼此就能互相理解。

3 情商高的人，從不強求別人理解

我和太太平時會使用 Slack（按：雲端運算的即時通訊軟體）對話。當然，兩人都在家，或是她就在我面前時，就不會用通訊軟體。但坦白說，即便是面對家人，我也經常不知該如何溝通，甚至連孩子要出生了，日後的親子溝通也讓我很擔心。

不過，我發現，小孩不會說沒有目的的話。

當然，這或許是我家孩子的個性使然也說不定，有想說的事情，他才會開口，提問也十分直接。因此，儘管不會看場合、也不會察言觀色，但這樣的相處卻讓我覺得很輕鬆。

但另一方面，如果是對妻子說：「希望妳這樣做……。」表達方式只要稍有不恰當，就會傷害到她，或是讓她產生誤會。因此，我常常沒有辦法好好表達自己的想法。

不過，每個人過去的生活環境與價值觀不同，生活中所重視的事物也不盡相同，所以我們也不能因為是家人，就認為對方「一定都得懂」。尤其是私領域，並不像工作一樣有溝通的目標或答案。因此，彼此都需要在生活中發揮想像力。

儘管如此，就算你已經很為對方著想了，有時還是會無法了解對方真正的想法。這個時候，除非彼此把話說開來，否則很難溝通。

我有兩個弟弟，我們感情一直不好。我想，這是因為彼此價值觀不同，擅長的事情也不一樣。

大弟的溝通能力非常好，十分可靠也很體貼，總是能為對方著想，並且提前採取行動；小弟則是拙於言辭。我自己也是屬於後者，所以我和小弟根本無法好好對話。換言之，縱使是長年相處下來的家人，還是有許多地方需要磨合，也有很多事情難以表達。

所以，我反倒認為，**以「人就是無法互相理解」為前提，來面對人際關係，反而能減少彼此的摩擦**。

和別人溝通時，許多人會把對方的理解視作理所當然，但這其實是非常困難的。

零社交成功技巧

- 就算是家人，也會有無法理解彼此的時候。

4 跟人說話時我側身並肩、移開視線加上小動作

很多人都會說，說話時要看著對方的眼睛。

但是，我卻完全做不來。不用說看著對方的眼睛，只要對方盯著我說話，我就會開始緊張。

這是因為，與對方面對面而坐，任何的動作與情緒都會非常明顯，再加上我無法辨別對方的想法，所以這些雜訊反而使我更難專注於談話。

因此，當我要**與人談話時**，會盡量**不正面相對**，而是**側身並排而坐**。如此就比較能放鬆，並且集中精神聽對方說話。

舉例來說，《FNN Live News α》電視節目的主播三田友梨佳主持時經常會注視著各位來賓，這就讓我非常緊張。

因為，我是那種如果要發表評論，一旦意識到別人的視線，就會分心的類型。所以在談話時，我都會盡量在不被他人察覺的範圍內，運用肢體動作，或是配合說話節奏，稍微移開視線。

儘管如此，有時仍避免不了一對一的面試或談話。但我認為，就算是這種場合，也不一定要直視對方的眼睛。

即使是與同事單獨談話，我也會在不讓人覺得奇怪的範圍內，稍微將視線往下或是左右兩邊移動。

比起直盯著對方的眼睛，倒不如將注意力集中在「理解對方所說的話」、「確實表達自己想說的事」這兩件事。

零社交成功技巧

- 與人談話時，比起正面相對，側身並肩不僅能緩解緊張，也能讓你注意聽對方說話。

5 總想討人喜歡，是在浪費自己時間

每個人應該都聽過：「出社會，就是要討人喜歡。」

或許，這是因為一直以來，我們總是被教導待人要面帶微笑，而生活中也總是會遇到笑容滿面的人。這種人不論你說什麼都會點頭附和。確實，這類型的人通常也較受歡迎。

不過，對於不擅長社交的我來說，這種態度只是表現出你太在意對方的看法，根本無法專心聽對方說話。

當然，體貼親切、討人喜歡是件好事，但不擅長溝通卻總想當好人，反而使我們無法聚焦在對話上。

我認為，**讓對話成立，比討人喜歡重要**。

況且，很少有人因為「不討人喜歡」、「不體貼」，而導致人際關係破裂。說實在的，即使對方一直對你頤指氣使，你大可不必勉強配合，畢竟這只會徒增疲勞。

與人談話時，能否澈底理解對方所說的內容，並以淺顯易懂的方式表達自己想說的話才是最重要的。尤其是無法與人產生共鳴的人。

世上沒有完美的人，不要勉強自己，也不要太過擔心。

當然，我們也不能總是擺著一張臭臉或態度囂張，惹對方不悅，而是盡量以自然的表情對話。因為，越是不擅長溝通的人，與人溝通時越會不由自主的緊張，表情也會變得十分僵硬。

在此，我有一個可以緩解緊張，又能讓對方有好感的方法，那就是「**做筆記**」。

做筆記時，低著頭也不會奇怪，而且把對方所說的話寫下來，不僅更好理解，溝通起來也更游刃有餘。

除此之外，也能有效緩解緊張，讓表情更自然，請各位讀者一定要試試看。

零社交成功技巧

- 很少有人因為「不討人喜歡」、「不體貼入微」，而導致人際關係破裂。
- 即使對方一直對你頤指氣使，你大可不必勉強配合。

6 連CEO也要懂的阿德勒課題分離

很多人都會說：「別人是別人，我是我。」著名奧地利心理學家阿德勒提到的「課題分離」（區分自己的課題、別人的課題），述說的也是同樣的道理（按：指解決自己的課題、不干預他人的課題，澈底區分就可以改善人際關係的煩惱）。

而不干擾、不侵犯別人的這項理論，確實也適用於人際關係。因為，即使彼此意見不同，能夠互相認同與理解是很重要的。

但在工作方面就不一樣了。基本上，雙方一定要有共同的目標。需要解決的問題，就只有**該如何達成目標**。也就是說，你不一定要和他人共享或是意見一致，只要大家共同朝向一個方向、有同樣的目標即可。

舉例來說，爬山時，即使都是以山頂為目的地，但每個人爬山的方式各有差異。有些人喜歡當領導者，有些人則是孤軍奮戰；或者是常常停下來休息，也有人是一口氣就直接登頂。

同樣的，我們也可以說，**只要是朝向目標前進，不管用什麼方法都無所謂**。

在這個基礎上，溝通只不過就是一種工具，而**面對面溝通也就不是絕對必要的**。只要理解對方的存在，再用淺顯易懂的方式表達自己的想法就夠了。

真正的問題在於，工作是由每個人獨立完成的，只是有時會覺得難以施展身手，也有些人就是跟你合不來。

但是，如果你能拿出工作成果，就能為自己增加許多工作機會。如此一來，也就更能找到認同你的工作夥伴。由 Caster 所經營 bosyu，便是提供個人對個人的群眾外包平臺。

尤其是現代社會，許多人都對成功有刻板印象；一旦不符合這些標準，就會被當成失敗者。尤其是，隨著「沒有溝通能力，就無法當業務員」普遍成為一種共識，我們也會不自覺的替自己貼上標籤。這種負面循環，只會帶給你更多痛苦。因此，我認為，有更多種「正確答案」的社會，絕對比現在更多元化。

零社交成功技巧

- 意見可以不同，但一定要能互相認同與理解。
- 工作上，只要擁有共同目標，一起努力就夠了。

7 最好的溝通，就是好好聽人說話

有些人認為，在對方給予意見之後，自己也必須有所回饋。其實，這麼做有時反而帶來負面效果。

因為工作的關係，常會有人詢問我的意見，但每當我說完之後，也常有人會說：「我無法給你任何回饋，你有什麼事情希望我去做嗎？」

對我而言，其實滿困擾的。

我想告訴他們的是：什麼都不用做也沒關係。

因為，比起被詢問意見，能夠暢所欲言更讓人有成就感。

曾有朋友對我說：「跟你在一起很開心。」其實，我在相處時並沒有說什麼特別有趣的話，只是靜靜的傾聽他說話而已。

他的那些老調重彈，我甚至聽到都能背起來了。我一邊心想：「他真厲害，可以說這麼多次都不膩，還這麼開心！」一邊繼續聽。

而且我還發現，人在說出自己想說的話之後，會感到非常的滿足。我自己也是如此，在許多人面前發表談話時，也會覺得很充實、很有成就感。

不過，若是參加線上活動，就會因為看不到聽眾而感到不安。我想這一定是因為無法掌握對方的反應。雖然，只要聽眾有一些反應，例如點頭附和或笑聲，講者就會覺得自己說的話有人聽到了，但在線上舉辦活動時，大家都是對著電腦說話，所以我總覺得少了些什麼。我想其他人應該也有一樣的感受。

因此，聽人說話時，一定要好好聽。

不用覺得自己一定要發問。對於發言的一方而言，只要你有好好傾聽，就是最好的溝通。

零社交成功技巧

- 人在說出自己想說的話之後，會感到很有成就感。

8 不要把精力放在鍛鍊口才

剛剛提到，溝通模式百百種，而大家口中很會溝通的人，其實多半是能靈活運用各種溝通模式的人。

不過，沒有人能夠事事都做到完美。有些人擅長在某種模式下、具有明確目的性的對話，也有人擅長觀察或傾聽。

因此，請不要被溝通能力這個詞彙所迷惑，只要好好掌握自己的特質就好；碰到不擅長的事，也不一定需要加強或改善。嘗試用自己擅長的方式也是一種解決方法。

實際上，對於不擅言辭的部屬，我也是建議他們事先想好怎麼說就好。

許多人都覺得一定要用自己的語言表達，或是講話一定要滔滔不絕，這其實是個天大的誤會。從事業務銷售，並不一定要有好口才。

而且，原本口拙的人經過訓練之後，口才真的能突飛猛進嗎？我想這其實是有極限的。既然如此，就**不要把精力放在鍛鍊口才上，而是專注在該說哪些話**。

如此一來，就算碰到不擅長的事，你也能透過找到自己的戰鬥方式，開拓出一條可以活用自身能力的道路。

零社交成功技巧

- 不必特別加強或改善溝通能力，而是專注在「該說哪些話」。

人際溝通的改善，
不在方法，而在「想法」。

PART 5

閒聊是領導者的最強軟實力

1 不要認為聯絡一次，別人就能理解你

隨著線上溝通模式的普及，評估員工能力的指標也逐漸產生變化。在無法掌握對方工作的狀況下，依然能夠做好線上溝通的人，評價往往也會跟著水漲船高。

舉例來說，就算是兩年沒見面的朋友，如果平常有在社群網站上交流，彼此還是能保持熟悉感。反之，即使感情再好，只要幾個月沒有聯絡，彼此的關係就容易變得疏遠。這是因為，那些在社群網站上，常會替你按讚或留言的人，總給人很親近的感覺。所以，就算彼此沒有見過面，也會讓你覺得好像已經認識很久了。

我所經營的 Caster 與 bosyu，當然也有員工非常擅長用淺顯易懂的方式和客戶溝通。不過，他們和客戶之所以能建立良好的關係，其實是因為他們每天都會和客戶聯絡。

尤其是文字訊息的發送與回應，是由許多簡短的問答建立而來的。因此，說話與回應的次數就顯得很重要，更沒有所謂的一次溝通就能到位。也就是說，**不要認為聯絡一次之後，對方就能理解一切**。

在聯絡對方時，除了要把事情說得簡單易懂，主詞也要清楚。換言之，能否正確的運用語言才是重點。

有些人能從文字去判斷其中細微的情緒，並且加以應對。

但是，像我這種不會看場合，也不擅長察言觀色的人，遇到不懂的事最好直接問，而不是勉強自己去解讀文字背後的情緒。

因此，**不要以為別人能察覺你的情緒，也不要去解讀別人的情緒；**

而是僅針對對談中所得出的事實給予反應，進而建立溝通。只要不斷的重複這個流程，自然就能了解對方的想法。

比方說，當你覺得「A今天好像跟平常不一樣」，其實是因為彼此來往的次數多，才能察覺這些小細節。例如，A平常對話都會打驚嘆號，今天卻沒有，因此語氣顯得較為平淡；或是A今天老是打一些很長的句子之類的。

隨著對話次數的增加、建立起人際關係後，即使文字再簡短也能讓對話成立。就像我們和家人或好友之間，從「嗯」、「好」或是貼圖，就能看出對方的情緒。

之所以能有所察覺，原因就是彼此溝通往來的次數夠多。

然而，倘若在反覆溝通的過程中，過度揣測對方的想法，或是陷入負面思考，反而往往造成溝通上的阻礙。

因此，不去刻意揣測對方，轉而將注意力放在彼此的對話上，才是正確方法。

順帶一提，我和新聞節目的工作人員，主要是以郵件討論工作，一開始也是很有禮貌，敬稱對方「某某先生或小姐」；來往幾次之後，便培養出一句「沒問題」或「知道了」就心照不宣的好默契。

當然，一開始寫電子郵件，用字都會比較生硬，在你察覺到對方的習慣用字之後，都可以再試著調整自己的回應方式。

零社交成功技巧

- 就算不擅長社交，也能做好線上溝通。
- 揣測對方的情緒也是線上溝通的大忌；不如觀察對話，再做出回應。
- 反覆用文字溝通，就能察覺對方的真實想法。
- 建立互信最重要，即便是簡短的文字或表情符號，也能讓對話成立。
- 在商務郵件中，不要刻意使用書面用語。

2 主管如何帶人又帶心？閒聊

由於我不擅長閒聊，所以我幾乎不太會和朋友一起聚餐聊天。不過，只有工作是例外。尤其是**遠距工作，沒有目的性的對話，也就是閒聊非常重要**。

理由有兩個。

其中一個，是由於大家都是各自在家辦公，因此並不容易察覺別人的問題。而新創產業之所以注重「心理安全感」的建立，無非就是希望能打造出一個讓大家暢所欲言的自由環境。

理由是，在家工作最難察覺每一位員工的狀況，例如身體不適、太忙、或是工作卡關。儘管這些狀況在辦公室會很明顯，但若是遠距的話，往往難以發現。

也正因為如此，我們必須讓有困難的人自己說出來，並且致力於營造出開放且輕鬆的談話氛圍。

唯有員工可以暢所欲言，才可能讓他們敞開心扉。

例如，使用通訊軟體時，可以分別開啟每位成員的對話頻道和群組，然後常常談一些工作以外的話題。如此一來，即使是重要的事，員工也能輕鬆說出口。

還有一件事是，**閒聊是理解對方的必要方法**。

在辦公室工作時，會話是由「工作話題」、「討論」、「閒聊」三種元素組成；透過會話，我們才能理解彼此的思考與個性，同時在工作上有所進展。

不過，在落實遠距模式以後，同事之間通常只會剩下工作這個話題。雖然這並不會妨礙到工作，但只要對話量一減少，就容易加深溝通上的隔閡，團隊也會因此而難以運作。

遠距工作的環境非常輕鬆，但這不代表每個人都能適應，所以即便是遠距工作，團隊合作依然重要。

因此，在遠距工作的狀態下，**打造和辦公室同等的對話環境仍是非常重要的**。

零社交成功技巧

- 線上溝通如何帶人又帶心？靠閒聊。

3 一封郵件，只說一件事

與人談話時，往往必須依現場的氣氛與對方的反應，調整自己的說話方式，但也有些人會因此而陷入混亂，甚至語無倫次。

對他們來說，使用郵件、通訊軟體或文書來溝通，會比較容易。

這些方法有個特色，就是可以先把內容整理好再發出去，也不需要勉強自己看人臉色，可以用自己的步調回覆訊息。

此外，如果是用電話聯絡，因為不清楚對方是否方便接聽，有時會造成對方的困擾。但如果是郵件或通訊軟體，便可將這種顧慮降到最低。另一方面，也有些人不擅長用文字溝通。面對這種情況，以下分享兩個小訣竅。

第一個訣竅是，我會特別注意，**在一封郵件或一次訊息中，只說一件事**。

基本的來往就用「再麻煩你了」、「我是某某」、「因為某事跟您聯絡」等一般常用句就好。這種場面不用太有個性。而且這樣的回覆，通常也不會有什麼問題。

在遇到溝通問題時，建議不要想得太複雜，只要認真的面對並解決問題即可。

第二個訣竅是，我會**等有空再看訊息或回覆，並採取和對方「不同步」的溝通**。

在辦公室工作時，通常在當下就會給予回應，但用文字傳訊息就不是這樣了。

若在線上溝通時，還是以「對方馬上就會回覆」的想法來做事，反而容易因為遲遲等不到回覆而更有壓力，甚至導致工作延宕。

「對方不會在你預期的時間之內回覆」——以此為前提來推動工作與溝通，是很重要的。

零社交成功技巧

- 一封郵件或一次訊息，只說一件事。

4 比防範員工偷懶更重要的事

我想再談談線上工作。

對於預計引進線上工作模式的企業來說，最擔心的莫過於，員工是否會偷懶。

有些公司基於人性本惡論，會強迫所有員工在家工作都要準時上線，並予以監控、查看上線紀錄，或是規定必須即時回覆。

老實說，這些都是下下策。

我認為，**會偷懶的人無論在什麼狀況下都會偷懶**。因此，對於設法監控員工的這種做法，我覺得很不可置信。

這等於是在暗示員工並未受到信任，對於員工來說，在這種狀況下面對小事又怎麼可能投入工作？

線上工作時，最重要的是「找到每位員工的角色定位，並設定目標、建立反饋機制，以提升成果」。

與此同時，上司也不要為了一點雞毛蒜皮的小事而慌張，必須懷有寬廣的胸襟，且要穩如泰山。因為，上司的態度也會影響到團隊的積極度。倒不如說，看到大家在線上討論的過程，反而比只待在辦公室裡，更能掌握成員個別工作的情形。

比方說，在辦公室工作時，如果上司開了一整天的會議，通常無法得知當天每位員工的進度。

但如果是線上工作，即使上司開了一整天的會議，這段期間大家的工作往來與聯絡因為都有對話紀錄，反而比在辦公室，更能清楚掌握團隊的狀況。

在辦公室，我們看到的是「人」，而不是「工作」。甚至可以說，看到「人」在那裡時，我們就會有他正在工作的錯覺，因而心生鬆懈。

換言之，即使是線上工作，也不要因為看不到「人」而不安。請好好觀察大家的成果與工作，並適時給予支援、整頓環境，讓所有員工都能安心工作。這才是上司該扮演的角色。

零社交成功技巧

- 定義每個成員的角色，並且設定目標。

5 最高明的差勤管理：彈性但有規則

會擔心員工偷懶，卻不擔心員工會過勞，這是遠距工作的矛盾所在。其實，對於不用打卡上班，我們應該思考的是「過勞問題」。

所謂的遠距工作，指的是一打開電腦，就能馬上開始工作。這時，有些人會因為看到通訊軟體上的各種訊息，而產生「只有我什麼都沒做」的焦慮感；有些人則是會為了表現出自己很努力的樣子，因而比平常更加努力。

而此時，主管需要注意的，反而是工作的**時間管理**。例如幾點之後就禁止聯絡，以及讓常常加班的人休息，藉此打造良好的工作環境。

在辦公室工作時，我們可以很自然的從休息狀態，切換到工作狀態。然而，**遠距工作卻會讓人經常處於工作狀態**。因此，我個人認為，如何明確區分工作和休息是非常重要的。公司與團隊必須思考的是，不去打擾每一位員工的休息時間。

此外，有許多人會認為，既然是遠距工作，那麼時間是可以彈性調整的。不過，「可以選擇在家工作」和「自由彈性的工作」，其實是兩件事。

在尚未適應遠距工作前，建議還是從比較簡單的方法開始，例如將所有員工的工作時間，統一設定在早上九點到下午六點，或是避免過勞，要員工規律休息等。

希望各位能了解，這麼做的前提，在於遠距工作並不是什麼特殊的工作方式，就只是大家不去公司而已。

換句話說，遠距並不會讓本來工作能力強的人變弱，反過來也是如此。

只不過這兩者在溝通方法上確實有所差異——有些細節在辦公室內是灰色地帶，但換成遠距之後就必須清楚交代。

不過，請不要對遠距工作有過度的期待或偏見，先嘗試看看，再配合自己公司的風格，找出合適的方法。

零社交成功技巧

- 遠距工作，並不是特殊的工作方式，只是不去公司打卡而已。
- 依每家公司文化的不同，遠距工作也有不同的做法。

在以線上溝通為主的現在，
你需要的是全新的溝通能力。

PART 6

職場邊緣系也能辦到的溝通技巧

1 不擅長說自己意見的人，就當主持人

不擅長在會議上提出報告的人，建議可以**試著當主持人**。因為，主持人並不需要提出自己的意見，只要照著既定的流程主持會議就好。

除此之外，會議紀錄也是很合適的工作。不論是會議還是簡報，只要努力把決議事項歸納成幾項要點，做出每個人都能看懂的會議紀錄，那麼就算你在會議上沒有發言也能有所貢獻。

非得在會議上發表意見時，我會盡可能的將報告內容整理成幾項要

圖表 6-1 螢幕共享會議示意圖

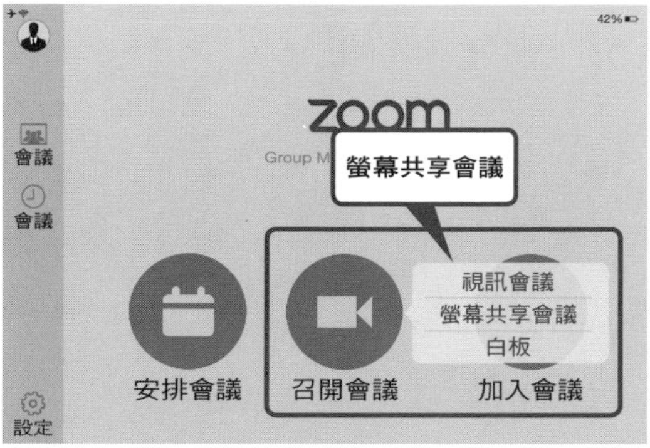

點，並力求簡單易懂。

舉例來說，將目標、主題各自條列出來，接著放上圖表就可以了。

就算報告得沒有很好也無所謂，只要把自己想說的事情整理好，符合會議報告的標準即可。

線上會議大致上也是如此，只有一個小訣竅，那就是視訊會議平臺 Zoom 的「螢幕共享會議」功能。此功能可以將會議紀錄投放給與會者，並同時記錄會議議題。

透過這個功能，你不僅可以擔任主持人，同時也能把議題具體化，再整理成要點。而擔任這樣的工作，就算你不擅長在會議中發言，也能受到團隊重視。

零社交成功技巧

- 將決議事項整理出重點，並善用視訊會議共享議題，就算沒有發言也能參與團隊溝通。

2 冷場時，你就問這三個問題

由於我不擅長解讀別人的心思，因此如果心裡有疑問，我一定會直接提出來。當然，這麼做可能會導致溝通次數增加，但不懂的事情就必須追根究柢才行。

然而，一旦要正面溝通，我最怕的就是冷場。

該怎麼解決呢？

那就是**避免提出過於空泛的問題**。

人們會為了讓對話保持熱絡而不停的提問，不過如果問得沒頭沒尾，那麼對方也一定是摸不著頭緒，而難以回答。為了避免冷場而提出的問題，反而造成冷場，這是一種惡性循環。

其實，**害怕冷場的人真的不用努力提問**。

前面介紹過的三個魔法問句：「具體來說？」、「跟以前有什麼差別？」、「跟其他有什麼差別？」，也可以應用在這裡。這三個問句都是很好回答的問題，也不會造成冷場。

還有另一個祕技。

當對方提到你不太懂的事情時，可以馬上使用手機查詢。當然，此時要先詢問對方：「我可以查一下嗎？」

因為對方會覺得你對他提到的事有興趣，所以不會心生反感。如此一來，不僅可以避免冷場，還能有效利用時間。

零社交成功技巧

- 冷場，有時是你問的問題，別人聽不懂。

3 秒回覆不是效率，反而是風險

在打電話之前，我們可以事先準備講稿內容，但仍避免不了客戶突然來電的狀況。這對無法臨機應變的人來說，真的是一種困擾。

不過，當我開始試著不立刻回覆電話或訊息時，我的應對方式也跟著改變了。相較之下，**在搞不清楚的狀況下就隨口回答，帶來的風險還比較高**。

這個時候，我們應該把重點放在目的，也就是「對方為什麼打電話來？」、「他希望你做些什麼？」

如此先在電話中問清楚上述兩件事情，才說：「稍後我會回電給您。」這才是比較保險的做法。

而且，縱使對方打電話來，也不代表你一定就得用電話回覆。回覆的方法有很多種，包括電話、郵件、通訊軟體和面談等；**選擇自己擅長的方式，做好最低限度的準備才會比較輕鬆**。

此時，我通常都會請對方先留言。等看完留言並且做好充分準備，我才會回電。此外，若事先得知對方會來電，我也會事先做好準備。

我在新聞節目《FNN Live News α》擔任評論員，要上電視的那天傍晚，導播會打電話給我，討論當天的節目流程，以及要使用哪幾篇新聞。但如果我等到接電話的那一刻才開始思考，時間就會不夠用，也無法好好的表達。

因此，在接電話之前，我會先瀏覽一次當天的新聞，將可以討論的事情記錄下來並靜待對方聯絡。

圖表 6-2 邊緣人 CEO 的筆記術

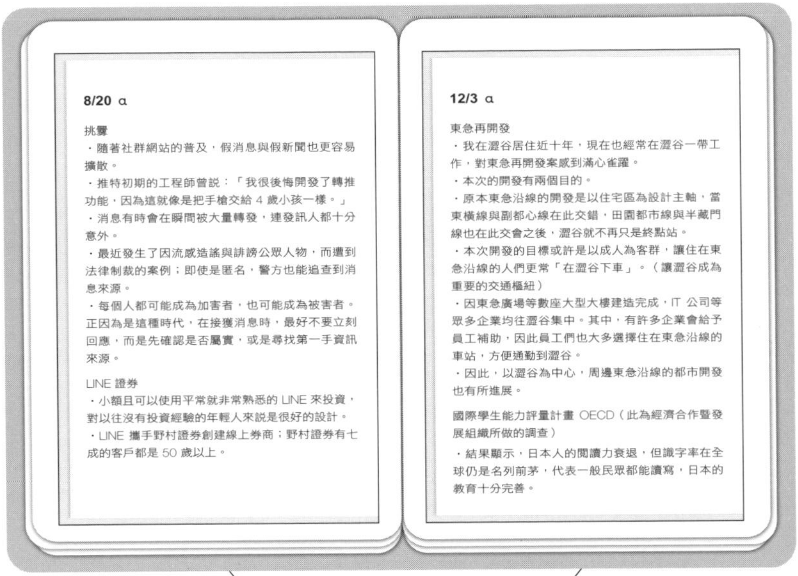
8/20 α
挑釁
・隨著社群網站的普及，假消息與假新聞也更容易擴散。
・推特初期的工程師曾說：「我很後悔開發了轉推功能，因為這就像是把手槍交給 4 歲小孩一樣。」
・消息有時會在瞬間被大量轉發，連發訊人都十分意外。
・最近發生了因流感造謠與誹謗公眾人物，而遭到法律制裁的案例；即使是匿名，警方也能追查到消息來源。
・每個人都可能成為加害者，也可能成為被害者。正因為是這種時代，在接獲消息時，最好不要立刻回應，而是先確認是否屬實，或是尋找第一手資訊來源。
LINE 證券
・小額且可以使用平常就非常熟悉的 LINE 來投資，對以往沒有投資經驗的年輕人來說是很好的設計。
・LINE 攜手野村證券創建線上券商；野村證券有七成的客戶都是 50 歲以上。
12/3 α
東急再開發
・我在澀谷居住近十年，現在也經常在澀谷一帶工作，對東急再開發案感到滿心雀躍。
・本次的開發有兩個目的。
・原本東急沿線的開發是以住宅區為設計主軸，當東橫線與副都心線在此交錯，田園都市線與半藏門線也在此交會之後，澀谷就不再只是終點站。
・本次開發的目標或許是以成人為客群，讓住在東急沿線的人們更常「在澀谷下車」。（讓澀谷成為重要的交通樞紐）
・因東急廣場等數座大型大樓建造完成，IT 公司等眾多企業均往澀谷集中。其中，有許多企業會給予員工補助，因此員工們也大多選擇住在東急沿線的車站，方便通勤到澀谷。
・因此，以澀谷為中心，周邊東急沿線的都市開發也有所進展。
國際學生能力評量計畫 OECD（此為經濟合作暨發展組織所做的調查）
・結果顯示，日本人的閱讀力衰退，但識字率在全球仍是名列前茅，代表一般民眾都能讀寫，日本的教育十分完善。

利用筆記本，
先構思自己的意見。

↓

針對話題新聞，寫下自己的意見。
就算沒有溝通能力，只要好好準備就能應對狀況。

或許導播會覺得我在電話中的回應都是臨機應變，但其實我是做了萬全的準備。

零社交成功技巧

- 不立刻回覆，才能減少出錯率。

4 邊緣人CEO的萬用破冰法

從事業務等工作，必須經常拜訪初次見面的客戶。對表達欠缺自信的人來說，第一次見面難免會緊張，也常有破冰（初次見面雙方緩解緊張的方法）不順利的情形。

其實，我也不太擅長這件事，不過還是有萬無一失的破冰方法，那就是**充分活用雙方交換的名片**。

第一個方法：名片上一定會有工作單位與職位。例如：

「○○部門／△△課／××團隊」。

此時，我會利用這些資訊詢問對方：

「請問○○部／△△課／××團隊，是在做哪些工作呢？」

因為問的是對方的單位與工作，而且也沒有人會因為被問到工作內容而不開心，因此對話大多能順利展開。且有時，還能進一步問到業務負責人，或是對客戶公司的組織有更進一步的了解。

即使對方是董事代表兼總經理，也可以應用這個技巧。只要詢問對方：「您現在是執掌貴公司事業的哪一塊呢？」就夠了。基本上，每個人的名片上都會有職稱，因此這個技巧幾乎每次都能派上用場。

第二個方法：如果對方的姓氏比較少見，就可以使用以下技巧：

「○這個姓很少見，我第一次看到。」

有些人突然被問到老家在哪會覺得不舒服，因此訣竅在於，只要說「第一次看到姓○的人」就好。

對於姓氏特殊的人來說，因為這種問題已見怪不怪，他們通常都會回：「對呀，跟我同姓的也只有我家的親戚了。」接著，話題就會順利開啟。

零社交成功技巧

- 不會社交，從姓氏、職稱開頭最合適。

5 「大家最後還有什麼問題？」……你怎麼回？

求職者在面試最後時通常會被問：「請問還有什麼問題嗎？」

常有人說這是企業決定是否錄取求職者的關鍵，但老實說，我在DeNA擔任人資時，其實不太在意這一點。

因為，通常在問到這題以前，就已經決定是否錄取了。

不過，有些公司則認為「沒有問題，就代表求職者對工作沒有想法」。以這個角度來看，隨時都能提出好問題的求職者，確實會比較有利。

我自己原本是飛特族，剛畢業時沒有立刻就職，但後來跳槽時，在面試的最後，我一定都會問面試官以下問題：

「請問您當初為什麼會選這間公司？」

「您進入這間公司後，和原本想像的是否有落差？不管是好的還是壞的，都請您告訴我。」

不論在什麼情況下，這兩個問題都很妥當，是萬用提問。而且，透過提出問題，同時也能展現你對工作的興趣與熱忱。

零社交成功技巧

- 反問對方：「請問您為什麼～？」

6 聚餐老落單？我只做這三件事

在各種溝通方式中，容易落單的人到了餐敘時，一定會感到很有壓力。我也不例外。

如果可以，我平時是盡量不參加餐敘、聚會的。當然，有些時候，實在是逼不得已。這時，我就會澈底扮演負責點菜的角色。

方法就是坐在邊邊角落的位置，觀察大家。

盤子空了，就問：「要加點什麼嗎？」

杯子空了，就問：「你要喝什麼？」

桌上有空杯或空盤，就說：「吃完了？我請人來收。」

餐敘中，我會不斷重複以上三個步驟，然後如果有人問我問題就回答。只要做到這些就夠了。

就算我再怎麼努力想做到「炒熱氣氛」、「討人喜歡」、「打好關係」，相較於真正擅長聊天的人，還是差了一截。

不過，如果只是澈底扮演負責點菜的角色，並且事先想好問題，事情相對就沒那麼困難。

只要事先決定幾個行動準則。例如：

「盤子空了，就問要不要加點？」

「杯子空了，就問接下來要喝什麼？」

「大家聊得正開心時不要插嘴。」

零社交成功技巧

- 重複問三個問題：「要加點什麼？」、「要喝什麼？」、「吃完了？我請人來收。」

7 線上溝通，貼圖使用要小心

在工作上，幾乎每個人都會使用電子郵件，利用商務通訊軟體或 Facebook Messenger 的人也越來越多。不過，透過文字的溝通，並無法感受到人的溫度。尤其是雙方關係還不夠密切的時候。因此，這時我會盡可能的配合對方的語氣。

具體來說，如果對方稱呼我「石倉先生」，我就稱呼他「〇〇先生或小姐」。若是對方使用「您」，我也會使用「您」；對方使用「你」，我也會使用「你」。「！」和「哈哈」也一樣，全部都用跟對方一樣的語氣。通訊軟體上也是如此。

對方使用貼圖，我也會跟著使用貼圖；若對方只打文字而且語氣平淡，我也會語氣平淡的回覆。雖然從文字很難感受對方的情緒，但若是因為擅自揣測，或是曲解對方、甚至長篇大論，而無法好好表達自己該說的事情，這可就本末倒置了。因此，一切都配合對方的語氣即可。

請設身處地的想像一下。當對方回覆的語氣跟你完全不一樣時，是否會覺得怪怪的？但如果對方的語氣跟你一模一樣，應該很少人會覺得「這個人很難溝通」吧？

零社交成功技巧

- 配合對方的語氣，最能瞬間拉攏人心。

8 不要試圖討好任何一個人，包括主管

有許多人都不擅長和主管、上級或有知名度的公眾人物溝通。

在開始撰寫本書之前，我曾經調查過哪些溝通情境最令人苦惱，結果發現很多人都不擅長和主管或上級說話。

不過，仔細了解之後就發現，許多人都把如何「建立人際關係」與「如何有效溝通」混為一談。

而且，**尤其當對方是主管或上級時，就會不由自主的偏重於建立人際關係，以及極力避免被主管討厭，反而忽略如何有效溝通。**

但我和主管或上級說話時，大多一派輕鬆。其實，這是因為我在意

的不是人際關係，而是溝通是否有效。在這類型對話中，只會專注於以下兩點：

- 理解對方想表達的事。
- 說出我想告訴對方的事。

也因為如此，在當上主管、管理階層之後，我才明白，當一個**主管問部屬問題**時，**其實只是單純想要知道答案**而已。

真的沒有其他任何的意圖。

當然，有些人提問的目的可能不太一樣，但在工作上，絕大部分的發問，與其說是想建立人際關係，不如說是藉由溝通來推動工作。

面對主管或客戶高層的提問，有些人會因為感受到權威與壓力，因此在應對時容易被情緒左右，而對問題一知半解。

我曾經和 Livesense 的村上太一、DeNA 的南場智子一共事過，他們都是赫赫有名的大人物。像這樣的知名人士，對自己想知道的事，也都是直接提問。

零社交成功技巧

- 有效溝通，並不代表一定要和對方建立人際關係，尤其是和你的主管。

9 做不到，就跟別人坦白說

儘管我做過各式各樣的管理工作，但其實帶人管理一直都不是我的強項。

原因是建立與管理團隊，需要了解成員的感受、顧慮成員的情緒，而這些都是我非常不擅長的事情。

因此，我決定放棄鼓舞部屬和同事的士氣，或是注意他們的情緒等人事管理，選擇專注於業績與業務的管理。

一般來說，人力管理是管理階層的分內工作，因此可能會有人對我的人力管理有疑惑。但老實說，這個部分我選擇交給團隊的每一個人去做。

當上管理者之後，除了要達成業績，還要負責甄選新人、考核工作績效、建立團隊合作，以及人才培育等。

仔細想想，能完全做到這些工作的人幾乎是不存在的。因此，我**選擇放棄自己不擅長的部分**。

相反的，我會直接告訴團隊成員：「我不擅長這些工作。」並且向大家請教要如何改善目前的工作環境及流程。而我能做的就是允諾大家，並且盡力做到。

因為是管理工作、因為是主管……這些想法會讓你覺得自己必須把所有工作都做好。但是，把自己做不到或不擅長的事情說出來，讓團隊成員分擔管理工作，也不失為一種好方法。

零社交成功技巧

- 聰明的人，會坦承自己的失敗。

結語

遇到不擅長的事，我直接放棄

如何才能跳脫出傳統溝通的框架？

本書出版的契機，是有一天我和我的經紀公司——katsura 股份有限公司的橫濱桂子開會時，提到「其實我很不擅長溝通」。

誠如書中所述，我對溝通不只是沒有自信，根本就是有溝通障礙。但橫濱聽了我的自白之後卻說：「真的好意外，我從來不覺得你不擅長溝通耶！」

當時，我和橫濱已經開過很多次會，她是個專業的溝通高手。這樣的高手竟然看不出我其實有溝通障礙，讓我很訝異。

接著，話題又聊到我在工作中是如何度過難關，以及如何藉由思考來提升工作成果。在分享的過程中，我也發現這些方法於我而言，雖然是理所當然的，但在社會上可能還是有許多人仍為溝通煩惱不已。

於是，我著手撰寫這本書。

我認為「溝通能力」這個詞彙，其實算是人生的一種「框架」。學校、職場、交友……各種場合都必須與人溝通。**當一個人沒有所謂的溝通能力，就會被認為是沒有用的人**。

我從小就無法融入周遭環境，也曾因為欠缺溝通能力而自卑，甚至喪失自信。

不論我如何努力，都無法體察其他人的情緒和想法，也無法顧及對方的心情。因此，以前的我寧可選擇一個人獨處，也放棄了在學生時代結交朋友。之後，我也一直糾結於「我沒有溝通能力，可能無法在社會中好好生存」的不安之中。

讓我改變想法的是「工作」。

避開不拿手的事，一樣能走出一條路。

在我還是飛特族時，曾經做過電銷，負責打電話推銷光纖網路。起初，我覺得自己應該做不到，但這份工作的時薪很高，當時也真的需要錢，只好硬著頭皮撐下去。

實際工作之後，卻意外的十分順利，業績也越來越好。現在回想起來，或許就是這份工作讓我開始覺得：「溝通能力和工作並沒有一定的關係」。

我雖然經營新創企業，卻不是個強悍的企業家。**遇到自己不擅長的事會想設法避開，也不是碰到困境或麻煩時還能勇往直前的人。**如果可以，我更希望每天都不要遇到困難。不過，在這個社會上，許多人都會說：

「不可以碰到困難就逃避！」

「一定要克服自己的弱點！」

這些論述是正確的，毋庸置疑。然而，我並沒有那麼強韌，可以每次都勇於面對困難以及克服弱點。

因此，我才會拚命思考：「該怎麼做才能避開不擅長的事？」並設法用自己比較擅長的方式來做事。

老實說，現在的我依然不擅長溝通。

如果可以，我不想跟任何人說話，安安靜靜的自己看書（事實上，單身時，一到週末我都不太跟別人說話，整天只待在家裡看書）。

現在我有太太和女兒，每天的生活都很平穩，但日常的溝通有時還是不太順利。

有時，我有事情想和太太說，卻不知道該怎麼表達，一不小心語氣太重，就會讓太太感到受傷。太太願意和這樣的我每天一起生活，我心裡只有萬般感謝。

希望讀完本書後，各位能感受到我想表達的是：「遇到困難時，即使沒有正面對決，也一定有可以巧妙避開弱點的方法。」

不能沒有溝通能力？

希望這本書能幫助各位讀者拋棄這種成見，從明天開始活得更有自信。

國家圖書館出版品預行編目(CIP)資料

邊緣人 CEO 的零社交成功技巧：不用口才、也不用讀空氣的溝通法，無須討好任何人也能勝人十倍。/ 石倉秀明著；劉淳譯. -- 初版. -- 臺北市：大是文化有限公司，2021.05
224 面；14.8×21公分. --（Think；215）
譯自：コミュ力なんていらない　人間関係がラクになる空気を読まない仕事術
ISBN 978-986-5548-43-8（平裝）

1. 職場成功法　2. 溝通技巧

494.35　　109022348

Think 215

邊緣人CEO的零社交成功技巧

不用口才、也不用讀空氣的溝通法，無須討好任何人也能勝人十倍。

作　　者／石倉秀明
譯　　者／劉淳
責任編輯／黃凱琪
校對編輯／陳竑悳
美術編輯／林彥君
副總編輯／顏惠君
總 編 輯／吳依瑋
發 行 人／徐仲秋
會　　計／許鳳雪、陳嬅娟
版權經理／郝麗珍
版權專員／劉宗德
行銷企劃／徐千晴、周以婷
業務助理／王德渝
業務專員／馬絮盈、留婉茹
業務經理／林裕安
總 經 理／陳絜吾

出 版 者／大是文化有限公司
臺北市 100 衡陽路 7 號 8 樓
編輯部電話：（02）23757911
購書相關資訊請洽：（02）23757911 分機122
24小時讀者服務傳真：（02）23756999
讀者服務E-mail：haom@ms28.hinet.net
郵政劃撥帳號／19983366　戶名／大是文化有限公司

法律顧問／永然聯合法律事務所
香港發行／豐達出版發行有限公司 Rich Publishing & Distribution Ltd
地址：香港柴灣永泰道 70 號柴灣工業城第 2 期 1805 室
Unit 1805, Ph. 2, Chai Wan Ind City, 70 Wing Tai Rd, Chai Wan, Hong Kong
電話：21726513　傳真：21724355
E-mail：cary@subseasy.com.hk

封面設計／季曉彤
內頁排版／顏麟驊
印　　刷／鴻霖傳媒印刷股份有限公司

出版日期／2021 年 5 月初版
定　　價／新臺幣 360 元（缺頁或裝訂錯誤的書，請寄回更換）
I S B N／978-986-5548-43-8
電子書ISBN／9789865548834（PDF）
9789865548841（EPUB）